揭秘中国古人类
百万年演化历程

一百万年古人类

高　源　著

天津出版传媒集团

新蕾出版社

图书在版编目(CIP)数据

一百万年古人类 / 高源著. -- 天津：新蕾出版社，2024.2（2025.4 重印）

（全景看中华文明）

ISBN 978-7-5307-7686-5

Ⅰ.①一… Ⅱ.①高… Ⅲ.①古人类学 - 青少年读物 Ⅳ.① Q981-49

中国国家版本馆 CIP 数据核字 (2023) 第 250517 号

书　　名：	一百万年古人类　YIBAIWAN NIAN GURENLEI
出版发行：	天津出版传媒集团 新蕾出版社
	http://www.newbuds.com.cn
地　　址：	天津市和平区西康路 35 号（300051）
出 版 人：	马玉秀
电　　话：	总编办（022）23332422 发行部（022）23332679　23332351
传　　真：	（022）23332422
经　　销：	全国新华书店
印　　刷：	天津新华印务有限公司
开　　本：	787mm×1092mm　1/16
字　　数：	167 千字
印　　张：	17.5
版　　次：	2024 年 2 月第 1 版　2025 年 4 月第 3 次印刷
定　　价：	59.00 元

著作权所有，请勿擅用本书制作各类出版物，违者必究。
如发现印、装质量问题，影响阅读，请与本社发行部联系调换。
地址：天津市和平区西康路 35 号
电话：（022）23332677　邮编：300051

序

众所周知，中华文明源远流长，中华文化博大精深，文明与文化的起源与发展始终要立足于"人"。"人类从哪里来，到哪里去？"这是人类基于好奇心的亘古不变的问题。于是，"人类的起源与演化"成为一代代考古学家持之以恒探索的课题。

目前，我国的人类史可追溯到百万年前，我国同时也是世界上古人类资源最丰富的地区之一。从1929年周口店遗址发现北京人头骨化石开始至今，中华大地上已经有许多处遗址出土了古人类化石。从这些化石中，我们得以窥见人类起源与演化的秘密。

《一百万年古人类》是一部不可多得的、可以系统了解人类起源与演化的好书，因为书中汇集了中国绝大多数的古人类，他们的足迹遍布祖国的大江南北，如元谋人、蓝田人、北京人、柳江人、田园洞人等。

一百万年 古 人类

在这本书中，作者把深奥的古人类学科问题转化成简单易懂、活灵活现的系列科普故事，语言幽默诙谐，生动形象地展示了中国百万年以来的人类演化过程。通过了解人类的演化，我们可以更好地认识自己，了解人与自然及其他物种的关系，为现代人类文明的发展贡献自己的力量。

在我看来，这本书具有以下几大特点：

1. 作者以时间为线索，从远到近，用讲故事的方式描述了人类从旧石器时代的直立人、古老型智人、早期现代人演化到新石器时代古人类的过程。对于每种古人类，作者让读者乘坐"时光机"，回到他们生活的家园，让读者"看到"他们的生存环境、生活方式、与动物的生存竞争等。例如：元谋人的家园依山傍水，他们吃喝不愁；北京人的生存常常受到猛兽如中国鬣狗的威胁。作者还让古人类化石"开口说话"，讲述不同古人类的体质形态、生存时代、健康状况等信息，如许家窑人是"大头人"，庙后山人得过龋齿，和县人头上受过伤等。

2. 作为一名科普工作者，作者多年来一直从事古人类的科普工作，积累了丰富的古人类知识，并对古人类最新的研究成果加以呈现。在这本书中，作者不但将人类的演化历程如直立人阶段、古老型智人阶段、早期现代人阶段等生动再现，还将近20年来中国出土的古人类化石的最新发现、最新研究成果，以及人类演化的热点问题一一呈现，让青少年可以从遗传学、生物学、考古学等多个角度全面、系统地了解人类百万年的演化历程，更好地思考"人类从哪里来，到哪里去"这个问题。

3. 作者用轻松的文笔、拟人的手法，把古人类曾经恶劣的生活环境描述为大众熟悉的美丽自然风景，描绘出古人类与动物的生存关系，展现了古人类在与自然灾害抗争中的奋斗精神和苦中作乐的精神，为读者留下了很多想象与思考的空间，同时给予我们很多战胜困难的力量和勇气。

4. 作者善于选取切入角度，把骨骼、牙齿等古人类化石中最吸引读者的部分挖掘出来进行介绍，趣味性强，内容丰富多彩。

5. 书中的漫画插图幽默风趣，一个个古人的卡通形象栩栩如生，而且将很多场景和行为都描绘了出来，值得细细品读。

总之，这本书是国内少有的真正适合大众阅读的古人类科普读物。作者科普功底深厚，把很多晦涩难懂的古人类学知识用通俗易懂的语言表达了出来。另外，书中的很多内容也是中小学历史、生物、科学等学科的重点学习和考核内容，尤其适合青少年读者阅读。

阅读这本书，我们似乎能感受到这些古人类正慢慢地向我们走来，给我们讲述他们的精彩故事……

吴秀杰

2024 年 2 月

（作者系中国科学院古脊椎动物与古人类研究所研究员）

导言

"说起古人类以及古人类的化石,你会想到什么?"
"你能说出几种中国的古人类呢?"
"我们研究古人类到底有什么用处呢?"

这三个问题,是我在工作时,特别喜欢向走进博物馆参观的同学们提出的。

对于第一个问题,大部分同学会这样回答——"古人类是不是浑身长着毛,很像猿类啊?""他们肯定过着茹毛饮血的生活,后来才慢慢学会了钻木取火,最后又进化成了现在的人类。""至于古人类的化石,我见过北京人头盖骨!"

听到这样的回答,我既有欣喜也有遗憾。要知道,古人类真实的生活并不是只有茹毛饮血。他们平时吃肉多还是吃素多?他们是在什么时候学会钻木取火的?古人类究竟经历了哪些进化阶段、进化了多长时间才成为现代人的呢？这些问题都值得我们去探究。

至于第二个问题，大多数同学都回答不上来，偶尔有同学会说："我在历史课本上见过北京人和元谋人。"

第三个问题，几乎没有同学能够回答上来。

其实，我们每个人都会好奇"我们是谁、我们从哪里来"这样的问题，但目前整个社会对古人类及古人类化石的科普工作做得还不够充分和广泛。同学们会在课堂上了解一些古人类的知识，会在博物馆中见到一些古人类的化石展品，但并不能知道关于他们的更多的故事，只看展品也不足以解答同学们的疑惑。

我在国家自然博物馆工作多年，亲身感受到中国古人类学的研究和发展日新月异。要知道，古人类演化的奥秘实在太有趣了，古人类化石留给我们的蛛丝马迹太值得我们深入探究了，我迫不及待地想把这些内容分享给大家。现在，无论是自然科学博物馆，还是综合性的历史博物馆，馆中的展陈都会涉及古人类化石及人类演化的内容。可以说，博物馆是大家认识古人类、了解人类演化的最好的地方。

而在研究人类起源与发展的过程中，还诞生了一门科学，那就是古人类学，又称化石人类学、人类起源学。古人类学以在田野考古地层中发掘出来的古人类文化遗物与古人类化石为研究对象，利用先进的技术，依据进化论，对人类起源与发展进行研究；

并利用考古学和民族学的知识,对石器等人工制品进行鉴定,从而阐述它们对早期人类增强体质和发展智力的意义。学习一些古人类学的知识,我们就可以知道人类从何而来;了解古人类的生活方式,了解人类文明的发展以及人类与自然的关系,会为我们现代人的生活提供参考。

亲爱的小读者,让我们一起打开这本书,回到远古,走进古人类的生活,聆听古人类的诉说,去探索古人类演化的奥秘吧!

第一章 旧石器时代的直立人

元谋人，中国最早的直立人　　　　2
蓝田人，两个家园都美丽　　　　　12
北京人，何时盼到你回家　　　　　22
南京人，跨越时空与你相遇　　　　34
庙后山人，"闯关东"我是鼻祖　　　44
和县人，粗壮牙齿真奇怪　　　　　56
每物一"萌"　帅气的手斧　　　　65

第二章 旧石器时代的古老型智人

华龙洞人，东亚最早准现代人　　　68
大荔人，粗壮眉脊有特色　　　　　79
金牛山人，土石封火吃烧烤　　　　87
许家窑人，伤病缠身可怜人　　　　97
夏河丹尼索瓦人，青藏高原我为祖　106
龙人，智人的好"闺蜜"　　　　　115
每物一"萌"　奇妙的石球　　　　122

第三章 旧石器时代的早期现代人

河套人，东西交流第一人	126
丁村人，打制石器我在行	135
柳江人，不幸卷入洪流中	144
山顶洞人，畅享高品质生活	152
田园洞人，吃鱼穿鞋有情趣	163
白莲洞人，螺蛳"火锅"美滋滋	173
每物一"萌"　鸵鸟蛋皮装饰品	185

第四章 新石器时代的古人类

玉蟾岩人，稻谷陶器双第一	188
东胡林人，栽培粟黍小能手	197
磁山人，不可思议大粮仓	207
仰韶人，会建房子会酿酒	217
河姆渡人，稻作手工样样行	225
红山人，雕琢玉石有一手	234
每物一"萌"　萌萌的陶猪	243

博乐乐带你游博物馆	245
后记	264

元谋人，中国最早的直立人

回到远古

170万年前，云南省北部的元谋盆地，依山傍水，气候温和舒适。盆地被群山环绕，植被茂盛，山上长着许多松树，四季常青。山脚是大片茂盛的草原，一条河流自南向北穿过元谋盆地，汇入另一条河流。

在这片土地

上，小鹿在林间穿梭，牛羊和中国犀在悠闲地吃草，泥河湾剑齿虎偶有出没，各种螺在河里慢悠悠地游动。这里有山有水，食物充足，正是古人类心仪的家园。

元谋人就在此处过着采集和狩猎的生活，他们已经懂得打制石器，虽然和后世相比手艺还不算精湛，但总比干啥都赤手空拳好多了。看，他们正在捕猎一头最后祖鹿（祖鹿属的最后代表。祖鹿是一种古生物，是现代鹿的祖先），一会儿就可以用刮削器切割鹿皮和鹿肉了，未来几天大家的饭食可算有着落啦！

化石在哪里

170万年过去了,当年生活在云南省某地的元谋人给我们留下了两颗牙齿化石,专家经鉴定认为它们是同一个体的两颗上内侧门齿,一左一右,目前牙齿化石收藏在中国地质博物馆。这两颗牙齿化石的石化程度很深,颜色呈浅灰白色,牙齿的根部有残缺,表面有一些细小的裂缝,不过牙齿的其他部位保存较好。

元谋人牙齿化石

根据古人类学家的研究,这两颗牙齿粗壮硕大,切缘(牙齿咬东西的那一端)较宽,呈扇形。牙齿的磨蚀程度不大,古人类学家推测它们的主人可能是成年男性。舌侧面(牙齿对着舌头的那一面)两边缘向内翻卷成棱，中间有明显的凹陷，形状像小铲子一样，这种牙齿我们叫它"铲形门齿"。

化石的发现

1965年5月1日，地质工作者钱方等人到云南省的元谋盆地进行地质考察，他们在当地村民的指点下，惊喜地发现了不少化石。

在一座小山包下部褐色的黏土层中，他们首先发现了云南马的化石，随后又发现了两颗浅灰白色、石化程度很深、类似人的门齿的化石。经过初步判断，他们认为这两颗牙齿应该来自原始人类或猿类动物。后来，经过中国地质博物馆古生物学家胡承志先

> **猜你不知道**
>
> **铲形门齿的奥秘**
>
> 除了元谋人，其他古人类，如蓝田人、北京人等也都长着铲形门齿。考古学家和古人类学家研究发现，我国大多数人的门齿都是铲形门齿。除了铲形门齿，还有勺形门齿和平形门齿。勺形门齿的舌侧面中部向前凸出，边缘略微向内卷，使内侧形成了一个小凹陷，就像一把小勺子。平形门齿的舌侧面是一个平面。我国有少数人的门齿是这两种门齿结构。你用舌头舔舔自己的门齿，看看属于哪种结构呢？

元谋人遗址动物化石堆积

生鉴定,这两颗牙齿化石是直立人的门齿。最终,这类直立人就以发现牙齿化石的地方——元谋县城命名,其定名为"元谋直立人",也叫"元谋人"。

1973年,研究人员再次对这里进行了较大规模的调查发掘,又发现了几件打制石器、许多哺乳动物化石以及大量的炭屑。在炭屑附近,研究人员还发现了发黑的动物化石,经鉴定为烧骨,也就是用火烧过的骨头。

1984年12月,北京自然博物馆(今国家自然博物馆)野外考察队在元谋人牙齿化石发现地东300米处又发现了一段元谋人的胫骨化石。经测定,这段化石的年代比元谋人牙齿化石稍晚,但距今也有100万年以上了。这些发现,都是元谋人曾真实存在的有力证据。

元谋人胫骨化石

化石会说话

牙齿的更多奥秘

元谋人的牙齿化石还能告诉我们哪些秘密呢?古人类学家将元谋人化石与其他古人类化石对比研究发现,元谋人和北京人(也属于直立人)与南方古猿的样貌有些接近,但他们的牙齿却并不一样。元谋人生存的年代比北京人的早,因此牙齿也比北京人的更加原始一些。古人类学家判断,元谋人有可能是我国南方迄今发现的最早的直立人代表。

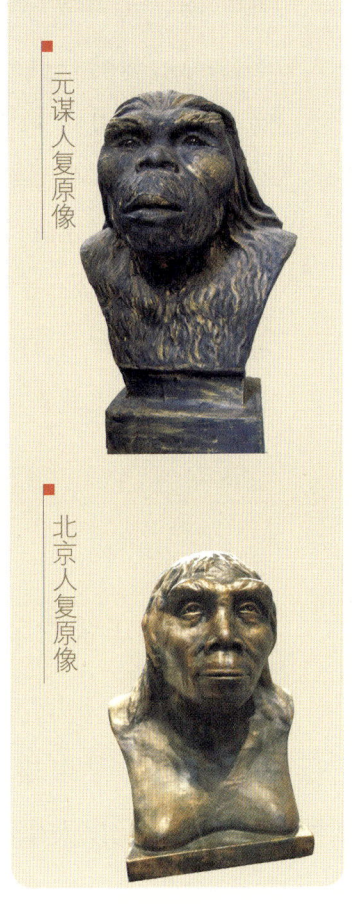

元谋人复原像

北京人复原像

猜你不知道

为什么牙齿化石最多

说到古人类的化石,除了屈指可数的几个相对完整的骨架,人们发现的大部分都是零碎的"边角料",例如下颌骨、牙齿、趾骨等,而其中最多见的就是牙齿。这是为什么呢?一方面,牙齿足够坚硬,不像有些很薄的骨骼一样容易破碎,难以保留下来形成化石;另一方面,牙齿数量多,一个人只有一个头骨,但却有约30颗牙齿,从概率上说,牙齿也更容易被发现。

别小看小小的一颗牙齿,它可包含了许多珍贵的信息呢!古人类学家通过研究牙齿的形状、大小、磨损情况、微观残留等,来了解它的主人吃什么,多大年龄,是猿还是人等。

元谋人的年代之争

自从元谋人牙齿化石被发现,学者们用不同的方法对其进行了年代测定,结果却不尽相同,其中有两种代表性意见。一种意见认为,元谋人生存的地质年代为早更新世,根据古地磁

方法测定，元谋人的生存年代为170万年前。另一种意见认为，元谋人生存的地质年代应该在中更新世，用古地磁方法测定的年代不早于73万年前，很可能在60万～50万年前。

以上两种意见各有其支持者，分歧一直延续至今，为什么会有这样的分歧呢？

因为化石被发现时所处的土层未必是化石的第一埋藏地，所以古地磁方法的应用缺乏坚实的地层依据。另外，元谋人牙齿化石发现于1965年，但因时代因素，化石具体出土地点的核实工作直到1973年才展开，这也增加了各种不确定性。其实，在古生物、地质地层等研究中，因为年代久远、证据不足等，研究结果存在一些分歧也是正常的。

关于元谋人的生存年代虽

> **猜你不知道**
>
> **更新世是什么时候**
>
> 地球从诞生至今已经有46亿年的历史了。在如此漫长的时间里，地球发生了许多变化，于是地质学家就根据地球不同时期的不同特点，对其46亿年的历史进行了划分，这就是地质年代。首先划分为四个宙：冥古宙、太古宙、元古宙、显生宙。每个宙划分为不同的代，如中生代、新生代等；每个代又划分为不同的纪，如三叠纪、第四纪等；每个纪再划分为若干个世，如中新世、更新世等。更新世的地质年代就属于显生宙—新生代—第四纪，对应的时间为258.8万年～1.17万年前。

然还有争议，但目前古人类学界仍旧普遍认可170万年前这个数据，并且将元谋人定为中国最早的直立人。这是继在我国北方发现北京人化石和蓝田人化石之后的又一个重要发现，这个发现把中国人类发展的历史向前推进了100多万年。这也是我国首次在早更新世地层中发现古人类化石，对进一步研究古人类和我国西南地区的第四纪地质具有重要的科学意义。

元谋人不孤单

170万年前的元谋人在生活中并不孤单，他们有许多动物朋友，例如竹鼠、剑齿象、泥河湾剑齿虎、云南马、爪蹄兽、中国犀、最后祖鹿、羚羊、牛等。它们大部分是植食性动物，当时茂盛的植被为它们提供了充足的食物。

除了这些动物化石，元谋人化石出土地还

出土了许多石器，上面有明显的人工痕迹，有石核（古人类用于剥取石片并将其加工成其他石器的石料）、刮削器等。据专家推测，这些石器应该是元谋人制作并使用的。此外，元谋人化石出土地还发现了用火的痕迹。这说明元谋人能使用自己制作的工具来进行采集和狩猎活动，同时还会使用火来加工食物，将捕获的猎物烤熟，摆脱了茹毛饮血的状态。

蓝田人，两个家园都美丽

回到远古

在一片宽阔平坦的大草原上，三门马和短角丽牛正在悠闲地吃草，兔子和老鼠在草丛中快乐地跳跃和穿梭，此时它们还不知道，危险正在向它们靠近：在远处茂密的森林中，蓝田剑齿虎、猎豹等猛兽正对它们虎视眈眈。而在高大的树木上，蓝田金丝猴正蹲坐在枝叶间休息，偶尔还能看到鼯鼠张开飞膜从一棵树滑翔到另一棵树上。

这是蓝田人生活的地方，位于今天陕西省西安市的蓝田县，蓝田人早在约163万年前就在这里安家啦。这里气候温暖，河水奔流，万物生长，生机盎然。

一天，阳光明媚，和风拂面，真是一个适合狩猎的好天气！一群男性蓝田人拿着棍棒、石块等工具开始行动了。大型猎物固然让人垂涎，但捕猎难度太大了，一不小心自己还会受伤，所以他们不会轻易去冒险，而是选择兔子、老鼠等小动物作为捕猎目标。快看！一个人"嗖"地一下掷出了手中的"武器"，

只听"砰"的一声,一只兔子的脑袋被砸中了,可怜的兔子倒在地上,挣扎了两下就不动了。蓝田人开心地手舞足蹈,欢呼着捡起猎物,又去寻找下一个目标了。

猜你不知道

不要小看化石模型哟

当参观博物馆看到一件化石展品时,你有没有过这样的疑问:这件化石是真还是假呢?所谓"真"指的是化石原件,"假"指的是人造模型,它们比照原件进行制作,和原件一模一样。

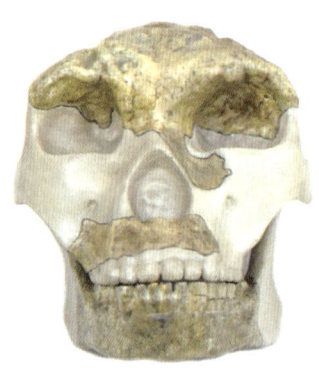

蓝田人头骨化石模型

化石在哪里

蓝田人都给我们留下了哪些化石呢?目前我们能见到的主要是蓝田人头骨化石。其实,考古人员在蓝田县的两个地方都发现了头骨化石,一个是陈家窝,另一个是公王岭。经专家鉴定,这两个地方的头骨化石来自不同的年代,但它们的主人都是蓝田人。

专家对头骨化石进行了修复,复原出一个较为完整的蓝田人头骨化石。由于化石比较珍贵,我们现在能看到的都是蓝田人头骨化石模型,左图模型就收藏在中国古动物馆。

蓝田人复原像

有些人可能会有误解，觉得只有原件才是有价值的，其实不然。你知道吗？自然界中的化石材料是非常有限的，极为珍贵，其数量远远不能满足科研、展示和教育的需求，此时就需要化石模型出场了，化石模型同样具有重要的科学价值。

化石的发现

蓝田人生活的地方地质发育良好，吸引了许多科考人员前来考察。1963年，中国科学院古脊椎动物与古人类研究所的科考队就来到了这里，进行地质与古生物调查。他们首先在陈家窝发现了一些哺乳动物化石，随后又发现了一件马蹄形的化石，经专家鉴定这是一件直立人的下颌骨化石。大家备受鼓舞，对接下来的调查充满了期待。

1964年，科考队又来到了蓝田县的公王岭进行考察。他们在这里会有什么收获呢？考古队员仔仔细细地从地面一层一层往下挖，边加固边挖取，凡遇到较大的土块时就用锤子轻轻砸开，避免漏掉化石。通过这样的方法，考古队员收获了人类牙齿化石、石器和大量动物化石。大家非常激动，都在猜想：这里会不会有人类头骨化石呢？

为了避免发掘中可能对化石造成的破坏，考古队员调整了发掘方法，改用套箱法，也就是将含有化石的堆积块套入制作好的只有4个侧面的木箱后，先封上顶，再翻过来封上底，然后将木箱运回实验室，对其中的内容物进行提取和修复，这样做能更大限度地保护化石。最终，他们真的整理出了比较完整的人类头骨化石。

猜你不知道

化石挖掘有技巧

在挖掘的过程中，化石一旦暴露出来，就很容易遭到破坏。那该怎么办呢？不用担心，考古队员有办法。在这种情况下，他们会使用一些化学物质对化石进行渗透式加固，化学物质会起到黏合作用。如果化石在原地破碎了，考古队员则需要将其修复后再加固。

遇到十分珍贵或者完整的化石，上面提到的套箱法就该发挥作用啦！人们会先将化石堆积块的四面与周围土层剥离，让中间的化石堆积块形

> 成"化石孤岛",然后做一个无底无盖的木箱,将"化石孤岛"套在中间,再把"化石孤岛"和木箱内壁之间的空间用填充材料灌满,等这些固结为一个整体后钉上盖,最后将木箱整体翻转后再钉上底。

化石会说话

化石的主人

前面发现的头骨化石,它们的主人会是谁呢?专家根据两地发现的头骨化石的颅缝愈合情况和牙齿磨耗情况判断,这两个地方的头骨化石并不属于同一个人,陈家窝头骨化石的主人是一位老年女性,而公王岭头骨化石的主人则是一位中年女性。

古人类在演化的过程中,头骨的形态一直在变化,例如,眉脊从粗大隆起逐渐变得细小低平,头盖骨由低平向隆起发展,逐渐变得像个圆球,骨壁由厚变薄,脑容量由小变大,嘴部从突出变得不突出,牙齿由大变小等。不过我们也要知道,这只是大的趋势,古人类的演化非常复杂,目前人类获得的化石材料还很有限,并不是所有古人类的演化都符合这个规律哟。

说完了规律,我们再来看看蓝田人的头骨,就容易理解了。蓝田人头骨上的眉脊非常粗大,头盖骨低平,骨壁看上去很厚,嘴部是突出的,这些特征说明他们还是比较原始的。

那我们该如何判断他们在人类演化史中的位置呢?比如,蓝田人和北京人相比,谁出现的时间更早呢?其中一种方法是对比研究。研究者将他们的头骨进行对比研究后发现,他们的头骨都具有比较原始的特征,但蓝田人头骨的原始特征更为明显,因此可以初步判断蓝田人更为原始,也就是蓝田人比北京人出现的时间更早。不过,研究者还会结合其他方法进行综合研究,以确保研究结果的可靠性。

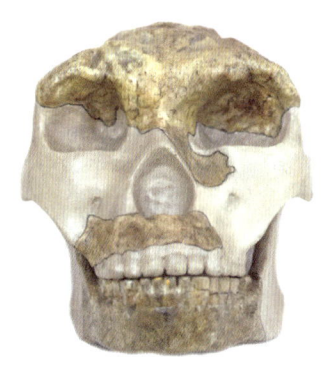 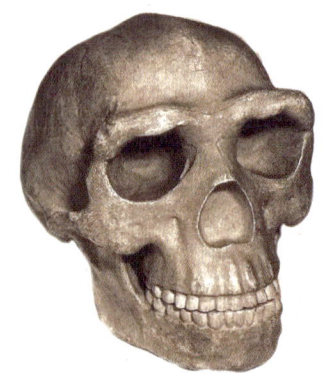

蓝田人头骨(左)与北京人头骨(右)对比图

> **猜你不知道**
>
> ### 古人类的年龄怎么确定
>
>
>
> 你知道吗？我们人类的头骨并不是一整块骨头，而是由几块骨头拼起来的，骨头与骨头之间会有线状的缝，这就是颅缝。颅缝在人的童年时比较大，随着年龄的增长，颅缝会慢慢变小，最后愈合。所以，古人类学家可以根据头骨化石颅缝的愈合情况来推测其年龄。
>
> 除了颅缝，古人类学家还可以通过看"牙口"的方式来推测古人类的年龄，因为人类的牙齿随着年龄的增长也会发生变化。如果有古人类的牙齿化石，古人类学家就可以根据牙齿的磨耗程度来推测其年龄啦。其实，看牙口判断年龄这个方法不只古人类学家会用，在乡村，一些有经验的老人也会看牙口，不过，他们看的是牲畜的牙口，他们会通过牙口来判断牲畜的年龄。

蓝田人生活的年代

蓝田人的头骨化石被发现后，古人类学家可忙坏了，他们一直在马不停蹄地进行各种研究。比如，单是蓝田人生活的年代，他们就研究了许多年，采用了很多种方法来测定，也出现了不同的结果。

最初，人们认为在陈家窝发现的化石年代为30万年前，在公王岭发现的化石年代为70万年前，这说明生活在公王岭的蓝田人出现的时间更早。

后来，古人类学家专门对在公王岭发现的化石又进行了新的测定，结果有距今80万~75万年的，有距今80万~73万年的，还有距今115万~110万年的。现在，大家普遍认为蓝田人生活的年代应该是距今115万年。

不过，古人类学家的研究没有就此停下，到了2014年，关于蓝田人生活年代的研究又有新发现啦！研究结果显示，蓝田人生活的年代距今约163万年，这把他们的生存年代向前推进了将近50万年呢，这一发现可能使蓝田人头骨化石成为迄今为止我国发现的最早的古人类头骨化石。未来，说不定还会有更多的发现呢，让我们一起期待吧！

生活向前迈了一步

生活在100多万年前的蓝田人过着采集和狩猎的生活，虽然他们的生活方式还很原始，但他们已经能制造简单的工具啦，比如砍砸器、刮削器、石片等。蓝田人给我们留下了很多石器呢，这些石器虽然比较粗糙，比较原始，但肯定让蓝田人提高了采集和狩猎的效率。此外，在公王岭出土头骨化石的地层中，人们还发现了一些粉末状的黑色物质，经鉴定是炭质，这很有可能是蓝田人使用火的遗迹。这些都说明，蓝田人的生活质量已经有了很大的提升。

南方的大象生活在北方

蓝田人生活在有森林、有草原的北方，当然少不了一些动物的陪伴，例如生活在森林里的蓝田剑齿虎、蓝田金丝猴、李氏野猪等，生活在草原上的三门马、短角丽牛、公王岭大角鹿等。

奇特的是，除了这些北方的动物，还有一些在我们印象中应该生活在南方的动物，如大熊猫、猎豹、剑齿象、貘等，也生活在这里。这是怎么回事呢？一方面可能是因为蓝田县位于秦岭北边，比较靠近南方，当北方气候比较温暖的时候，南方的动物也有可能迁徙到这里；另一方面，当时的秦岭可能不像现在这么高，南方的动物可以很容易到达这里。

北京人，何时盼到你回家

回到远古

大约70万年前，今天的北京市房山区周口店地区，山清水秀，青山之上郁郁葱葱，玉带般的河流蜿蜒流过。这里生活着许多奇特的动物，有剑齿虎、洞熊、中国鬣狗、披毛犀、肿骨大角鹿、三门马等。其中有一种动物最特别，他们会直立行走，个子不高；他们会使用工具，还会使用火。他们就是北京人。

这天清晨，住在山洞中的北京人被一阵"嗷嗷"的叫声惊醒了，他们立刻警觉地跳了起来，因为他们分辨出这是中国鬣狗的叫声！这些家伙异常凶残，是吃肉不吐骨头的主儿！为了防止被中国鬣狗这样的野兽袭击，夜晚睡觉的时候，北京人通常会在山洞里燃起一堆火，因为野兽怕火，有火，野兽就不敢靠近他们了。但这天清晨，火堆里的柴火燃尽了，导致火熄灭了，这让一直在洞外窥伺的中国鬣狗觉得有机可乘，逐步逼近了洞口。

男人们迅速抓起木棍、石块等武器，到洞口防卫，弱小的孩子和老人留在洞内，女人们赶快去补充柴火，小心翼翼地用嘴吹着火堆，想让火堆重新燃起来……一番对峙之后，中国鬣狗被赶跑了，北京人紧绷的神经也终于可以放松下来，好险哪！

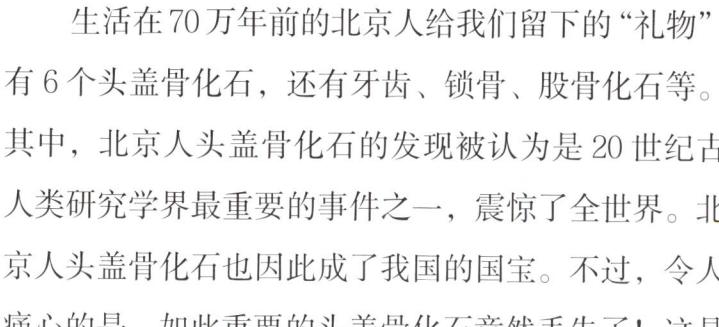

化石在哪里

生活在70万年前的北京人给我们留下的"礼物"有6个头盖骨化石，还有牙齿、锁骨、股骨化石等。其中，北京人头盖骨化石的发现被认为是20世纪古人类研究学界最重要的事件之一，震惊了全世界。北京人头盖骨化石也因此成了我国的国宝。不过，令人痛心的是，如此重要的头盖骨化石竟然丢失了！这是怎么一回事呢?

原来,北京人的化石出土以后,都保存在当时北平(今北京市)的协和医院里。那时候,日本发起了侵华战争,为了保护北京人化石的安全,大家决定将其运到美国暂时保存,等战争结束后再运回中国。于是,大部分北京人化石被精心打包装在了两个大木箱子里,准备运往美国。然而,还没等北京人化石登上去往美国的游轮,日本就向美国开战了。战乱中,装着北京人化石的两个大木箱子神秘地失踪了。

从那之后,北京人化石就消失了,至今再也没有出现在世人面前。

幸运的是,北京人化石在丢失之前被及时制作了化石模型,而这些模型如今成了研究北京人的一手资料。这件事也证明了化石模型的重要性。

北京人3号头盖骨模型

北京人复原像

我们现在看到的上页图中的北京人头盖骨模型，是1929年12月最早发现的那一个。你觉得它像什么呢？是不是特别像一顶鸭舌帽？另外，专家根据资料还对北京人的其中一个头盖骨化石进行了复原。从北京人复原像可以看出，它的主人是一位中年女性。这位女性北京人眉脊粗厚高耸，额头低平，嘴巴前突，没有下巴颏儿，这些都说明北京人是比较原始的。

> **猜你不知道**
>
> **原始人有多"原始"**
>
> 古人类学家找到古人类的化石之后，会首先观察记录它们的特征。我们在前面提到过，人类头骨形态的演化有一定的规律，古人类学家就通过这些规律初步确定它们所属的年代。之后，他们还会根据测年方法，判断这些化石所属的年代。化石所属的年代越早，它们的主人也就越原始。

化石的发现

1918年，来自瑞典的地质学家、考古学家安特生偶然听说周口店有个叫鸡骨山的地方发现了化石，赶紧前往调查。鸡骨山确实有化石，不过都是一些小的、看起来像鸡骨的鸟类和啮齿类动物的化石，这座山也因此而得名。

1921年，安特生带着助手师丹斯基再次来到这里，他们在当地人的指点下得知，不远处的另一个地方可以挖到更大更好的"龙骨"，那个地方也因此被叫作龙骨山。安特生等人来到龙骨山调查，很快就发现了许多动物化石，经鉴定这些动物是肿骨大角鹿、水牛、中国鬣狗等。其中，部分化石堆积物被运到瑞典的实验室进行仔细清理。后来，工作人员竟在这里面清理出两颗人牙！这个消息一出就震惊了世界，因为这两颗牙齿是当时亚洲大陆发现的年代最古老的人类化石。

古人类牙齿化石被发现，考古工作者备受鼓舞。1927年，中外科学家联合起来，一

猜你不知道

"龙骨"是恐龙的骨头吗

"龙骨"是什么呢？是龙或者恐龙的骨头吗？其实龙骨和龙或者恐龙都没有什么关系，龙骨是古代哺乳动物，如象类、牛类、马类等的骨骼化石，也是一味中药。我国古代的医书中记载，龙骨具有止血、止泻等功效。周口店地区的人们在山上发现了龙骨后，就把那里当成了天然的药材库，家里有人生病了就来这里寻找免费的药材。

起对周口店地区进行了正式的发掘。经过两年的努力，大家又发现了一些古人类的化石，如牙齿、下颌骨等。

> 正是龙骨指引人们发现了许多古人类的遗址，它就像一把钥匙，打开了古人类世界的大门，让我们了解了人类祖先的秘密。然而，龙骨毕竟是一种化石，是不可再生的珍贵资源，对研究地质、古生物等都非常重要。因此，我们应该树立保护化石资源的意识，保护龙骨，减少对古生物化石资源的破坏。

北京人牙齿化石

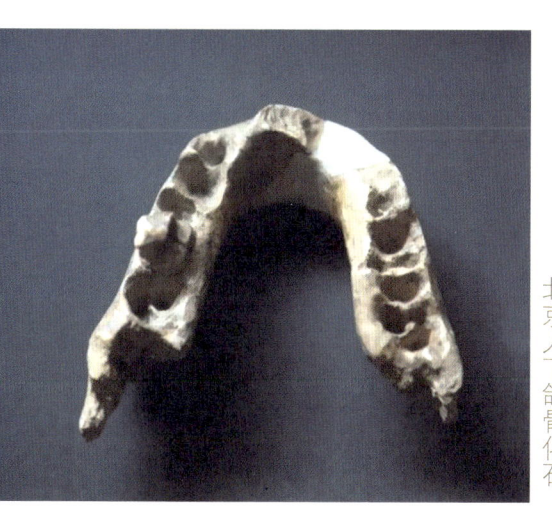

北京人下颌骨化石

这些发现让人们意识到，这里蕴藏的化石资源一定非常丰富！于是，1929年，中国地质调查所设立了专门的研究机构，负责这里的发掘与研究工作。当年的发掘工作由裴文中负责，1929年12月，裴文中发现了第一个完整的北京人头盖骨化石，当时他激动得大叫了起来。

1936年，由贾兰坡带领的发掘小组又发现了3个北京人头盖骨化石，再一次震撼了世界。1966年国家又进行了发掘，发现了北京人的额骨和枕骨化石，这两块化石和之前的两块碎片拼在一起就是一个比较完整的头盖骨。目前额骨化石和枕骨化石的原件保存在中国科学院古脊椎动物与古人类研究所。

1966年发现的北京人额骨、枕骨模型

迄今为止，周口店地区一共出土了200余件古人类的化石，分别属于40多位主人，这可真算是一个大家庭啦！但是他们的寿命都不长，专家推断出死亡年龄的有 22 个人，大多数人死亡时都不超过 14 岁，最年长的一位女性死亡时也才 50 多岁。14 岁的人在今天正值青春年少，正在中学的校园里学习呢，而 14 岁的北京人却大都离开了这个世界，真是可惜。

除了丰富的古人类化石，周口店地区还发现了大量脊椎动物化石、石器以及用火遗迹，例如厚达 6 米的灰烬层以及烧骨、烧石等。

化石会说话

五花八门的名字

自从北京人"诞生"后，人们给他们起了许多名字，除了"北京人"，他们还有"中国猿人北京种""北京猿人""中国猿人""北京直立人"等别称。看到这么多名字，你是不是已经一头雾水了？北京人怎么会有这么多名字？我们到底该叫他们哪个名字呢？

> **猜你不知道**
>
> **直立人是什么人**
>
> 你发现了吗？"直立人"这个名称已经出现过好几次啦，北京人属于直立人，前面提到的元谋人、蓝田人，也

都属于直立人。那直立人到底是什么人呢？

顾名思义，直立人就是能够直立行走的人。

其实，直立人属于人类演化中的一个阶段。按照目前的研究，人类是从古猿演化而来的，历经地猿类、南方古猿、能人、直立人和化石智人5个演化阶段。直立人是人类演化中非常关键的一个阶段，这个时期的人类不仅学会了直立行走，而且变得很聪明，学会了使用火。

1927年，加拿大解剖学家步达生认为，周口店地区发现的人牙代表了一种新型的原始人类，他给这种人类起名为"中国人北京种"（Sinanthropus pekinensis），也被翻译为"中国猿人北京种""北京猿人""中国猿人"。后来，他们的名字又被订正为"直立人北京亚种"，简称"北京直立人"，也就是我们俗称的北京人，并一直沿用至今。北京人这个名字是不是简单又好记呢？

比一比谁更聪明

当你到北京周口店北京人遗址博物馆参观时，你会看到这样一组头骨：大猩猩头骨化石模型、北京人头骨化石模型和现代人头骨模型。大猩猩和我们人类一样，也是从古猿进化而来的。这三种头骨放在一起，你能非常清楚地看到它们的差异。

大猩猩的眉脊高而粗壮，下颌骨非常发达，牙齿很大，头骨顶部还有一条高高凸起的棱，叫矢状脊，这意味着它们的咀嚼肌很发达，咀嚼能力很强。

北京人的眉脊依然粗壮，但下颌骨和牙齿没有那么发达了，头顶上的矢状脊也不明显了，这说明他们不再需要那么强的咀嚼能力了。这是为什么呢？因为他们已经学会使用火，可以吃一部分熟食了。

现代人的眉脊变得低平，下颌骨和牙齿变得更小了，已经看不到矢状脊了。现代人都是吃精加工的食物，对咀嚼能力的要求就更低了。

三者的脑容量也有明显的差别：大猩猩的脑容量有500多毫升，北京人的脑容量为1000多毫升，现代人的脑容量则在900～2000毫升。不过，你可不要误会，并不

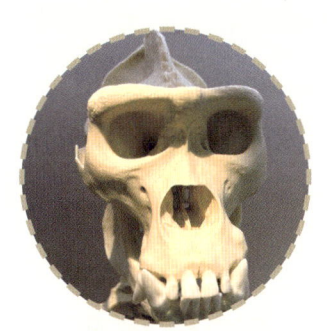
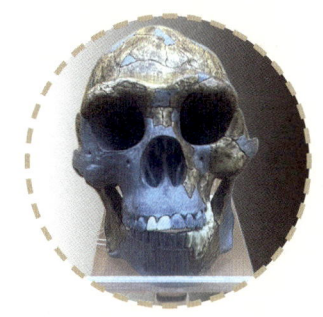
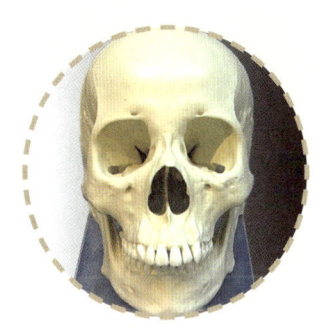

大猩猩（上）、北京人（中）、现代人（下）头骨对比图

是说脑容量越大越聪明。比如，大象的脑容量就比我们现代人的要大得多，但你肯定比大象要聪明吧？智力不只和脑容量有关，还和脑神经元之间的连接等有关。

北京人四肢的超前进化

北京人的四肢与现代人的比较接近，上肢骨短于下肢骨，但头骨和现代人的差异还比较大。这说明北京人脑袋和四肢的进化并不同步，四肢的进化要超前一些。有人开玩笑地说，北京人的样子就像是在现代人的四肢上，安了一个猿的脑袋。

研究人员根据北京人的肢骨推测出了他们的身高，男性的平均身高为 1.56 米，女性的平均身高为 1.44 米。假如一个北京人穿着现代人的衣服低头走在大街上，你可能一开始会觉得他是个普普通通的小个子，但他要是一抬头，准会吓你一大跳！

北京人拯救爪哇人

1891 年，印度尼西亚爪哇岛上出土了一个像猿又像人的动物的头盖骨。按照当时的观点，需要同时发现劳动工具——石器，或者发现用火遗迹才能证明这个头盖骨是人类的，但这个头盖骨附近并没有其他遗物，因此学术界一直争议不断。几十年之后，北京人头盖骨化石被发现，并被学术界定为直立人化石。专家经过对比发现，爪哇岛上的头盖骨和北京人头盖骨的形态大同小异，年代也非常接近，至此，爪哇岛头盖骨才被学术界认可，归入人类的范畴，它的主人也被命名为"爪哇人"。可以说，是北京人拯救了爪哇人啊！

南京人，跨越时空与你相遇

回到远古

在南京市江宁区汤山街道，有一个叫雷公山的地方，山上有一个形似葫芦的洞穴，名叫葫芦洞。今天的葫芦洞不仅是人类文化遗址，还是一处旅游景区，因为这里有天然的溶洞景观。每逢节假日，这里会吸引许多游客前来参观。

其实，不仅现在如此，在大约60万年前，葫芦洞也受到了许多"游客"的青睐。这些"游客"中有一批动物"游客"，它们是肿骨

▪ 雷公山的葫芦洞

大角鹿、葛氏斑鹿、三门马、李氏野猪、棕熊、中国鬣狗等。除了这些懂得欣赏风景的动物，还有一个人也被吸引到了这里，她是一位女士，她和那些动物一起永远留在了这里。

李氏野猪化石模型

几十万年过去了，这里仍然有"游客"前来。在距今二三十万年的时候，又有一个人来到了这里，这次是一位男士。在二三十万年后的今天，两个人"相遇"啦！因为在葫芦洞里，他们各自留下了一个头骨化石，这让他们跨越几十万年时间的相遇成为现实。

化石在哪里

葫芦洞里的一女一男被命名为"南京直立人",也可以称之为"南京人"或者"南京猿人"。他们的头骨化石分别是Ⅰ号头骨和Ⅱ号头骨,目前珍藏在南京博物院中。

Ⅰ号头骨化石保存得比较完整,一共有3块,可以拼成大半个脑袋,左面骨保留了下来,

南京人Ⅰ号头骨化石

右面骨缺失。它的眉脊比较粗壮,更加原始一些。专家根据Ⅰ号头骨的尺寸、骨缝愈合情况和牙齿情况等推测,它的主人是一位年龄在21～35岁的女性。

Ⅱ号头骨化石只保存了大部分头盖骨,没有面骨,而

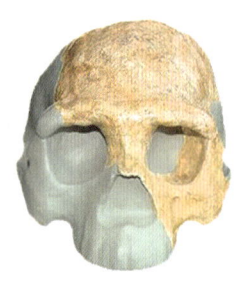
南京人Ⅰ号头骨复原图

且头盖骨上还有好几道裂缝。专家根据Ⅱ号头骨化石的粗壮程度、骨缝愈合情况等推测，它的主人可能是一位30多岁的壮年男性。

猜你不知道

如何"看见"古人类

我们现在看到的许多头骨化石都是相对完整的，其实它们在刚出土时并不全是这样的，有的可能只是一堆头骨碎片，有的可能缺损了一块，还有的可能变形了。头骨化石出土以后，专家首先会将它们精心"打扮"一番，让它们以完整的样子呈现在世人面前。像南京人Ⅰ号头骨化石这种只有一侧面骨的化石，专家会对称地复原出另一侧，这样就可以根据整个头骨复原出南京人的头像啦！

■ 南京人复原像

化石的发现

南京人头骨化石的发现非常有趣。我们知道，葫芦洞是一个美丽的天然大溶洞，洞顶垂下一根根钟乳石，地面上石笋林立。1993年，当地对葫芦洞进行旅游资源开发，工作人员在开发的过程中却收获了一个意外的惊喜，发现了一个古人类的头骨化石！这就是Ⅰ号头骨化石。

考古工作者迅速来到葫芦洞，他们在清理化石堆积块时，竟然又收获了Ⅱ号头骨化石。当然啦，除了古人类的头骨化石，考古工作者还在这里收获了2000多件动物骨骼化石，这些动物除了我们前面提到的肿骨大角鹿、葛氏斑鹿等，还有剑齿象、虎、豹、梅氏犀、中华貘等。

钟乳石

除了这些,考古工作者还在这里发现了第 4 个惊喜,那就是一颗古人类的牙齿化石。不过,遗憾的是,大家并没有在这里发现石器或者人类用火的遗迹。

难道葫芦洞不是南京人生活的地方吗?答对了!这里可能

还真不是。你想啊,葫芦洞里出现过那么多凶猛的野兽,南京人如果在这里生活岂不是小命不保了?但那两个年龄相差几十万岁的南京人为什么会来这里呢?这到现在仍然是一个谜。

化石会说话

南京人的化石虽然稀少,但它们却是研究古人类非常珍贵的资源,它们告诉了我们许多关于南京人的秘密。

专家在研究Ⅰ号头骨化石的时候发现头骨上面有许多粗糙的小隆起,会不会是生病引起的呢?病理学家仔细研究后发现,Ⅰ号头骨化石的主人生前可能得过骨膜炎。她应该是世界上最早得骨膜炎的人吧!那个时候也没有医生,她肯定很痛苦。

南京人在人类演化中属于什么人

对于南京人Ⅰ号头骨化石的复原,专家们耗费了不少心血,他们做过至少两次复原,虽然复原后的结果有一定的差异,但头骨的总体特征基本一致。专家们认为Ⅰ号头骨化石的一些基本形态特征与周口店北京人头骨化石相似,并且二者所处的年代也比较接近,因此判断Ⅰ号头骨化石所代表的南京人和北京人处于相同的演化阶段，都属于直立人。

而Ⅱ号头骨化石就不同了。专家们经过研究发现，它既具有猿人的特征，同时也呈现出一些智人的特征，Ⅱ号头骨化石所代表的南京人很可能处于猿人向智人进化的过渡阶段。

这样一来，相当于人们在葫芦洞发现了两种不同演化阶段的古人类，这在古人类学界简直就是一个奇迹！

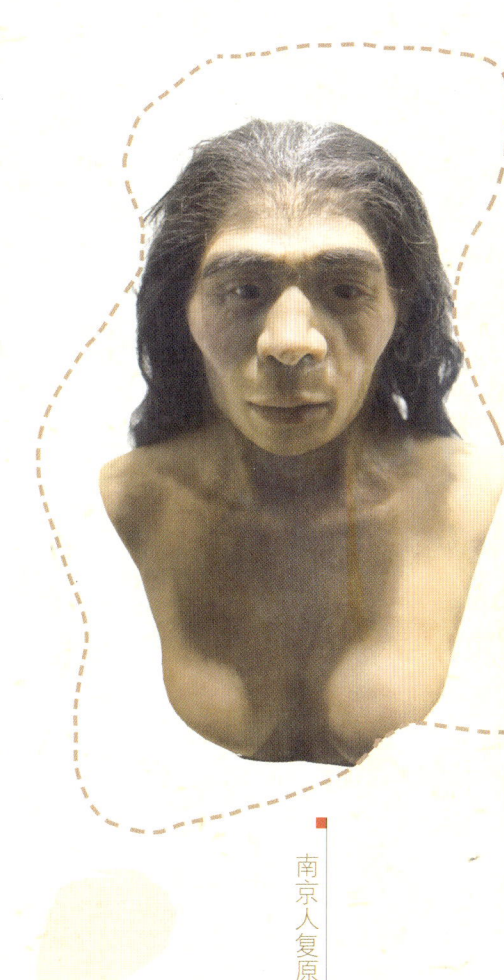

南京人复原模型

南京人有西方血统吗

观察南京人复原模型，你会发现它有着高耸的鼻梁，一般欧洲人才会有这样的鼻梁，因此以前曾有人认为，南京人拥有西方的血统。但新的研究表明，在南京人所处的时代，欧洲还没有出现具有高鼻梁特征的人，所以南京人不可能拥有西方的血统。

有人认为，南京人生出高鼻梁是为了适应寒冷的气候。当然，也有可能是其他原因导致的，到现在，这还是个未解之谜呢！

寒冷还是炎热

你注意到了吗？南京人和北京人虽然生活在不同的地方，但他们竟然有相同的动物朋友，例如肿骨大角鹿、中国鬣狗、三门马等。

北京和南京，一个地处我国北方，一个地处我国南方，离得那么远，动物们是怎么做到互相"串门"的呢？有研究认为，60万年前的南京处于寒冷期，汤山一带的

猜你不知道

困难重重的古人类研究

古人类研究对我们人类来说很重要，它让我们知道自己是从哪里来的，是如何一步一步进化到现在这个样子的。但古人类研究主要依靠化石，化石少，研究就会面临重重困难，也产生了各种各样的分歧。不过，这些都是古人类研究的魅力，为了离真相更近，人们一直在不确定中蹒跚前行，迈出的每一步都闪耀着坚持和探索的光芒。

气温比较低，所以也适合某些北方动物生存。看来，南京人与北京人生存的年代不但相近，生活环境也不会相差太远。

■ 肿骨大角鹿化石模型

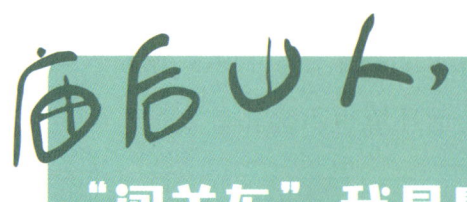
庙后山人，
"闯关东"我是鼻祖

▎回到远古

从前有条河，河边有座山，山上有个洞，洞里有个原始人……让我们把时光拉回到50万年前，一条名叫小汤河的河流，流经今天的辽宁省本溪市本溪满族自治县小市镇的山城子村。在这条河流附近，有一座山叫庙后山，山上的坡地树木茂盛，山下的平原绿草如茵。这里温暖湿润，雨水充沛，草木丰盛，养育了一大批动物，包括肿骨大角鹿、三门马、硕猕猴、大河狸、梅氏犀等，当然也少不了我们人类，他们就是庙后山人。

那时，庙后山人的生活方式仍然比较原始，依靠狩猎和采集为生，也会制作简单的石器。看，一个中年男人一只手中拿着一把石锤，使劲砸向了另一只手里的石核，一块石片就剥落了下来。他捡起石片，用手指肚试了试刃口，脸上露出了满意的笑容，好像在说："这块石片不错，挺锋利，用来割肉肯定没问题！"

化石在哪里

庙后山遗址一共出土了3颗人类牙齿化石和1段人类股骨残段化石。其中，右侧上颌犬齿、右侧上颌第三臼齿和股骨残段化石收藏在辽宁省本溪市博物馆，右侧下颌第一臼齿收藏在辽宁省博物馆。

据专家推测，这些化石来自4个不同的主人。他们分别是谁呢？

我们先来看看这3颗牙齿化石。首先来看右侧上颌犬齿，这颗牙齿磨损很严重，齿冠部分几乎已全部磨损，只剩下长长的单齿根了。专家推断它的主人是一位老年人。

庙后山人右侧上颌犬齿化石

我们再来看右侧上颌第三臼齿。这颗牙齿磨损也很严重，各个齿尖都磨没了，由此推断，它的主人肯定也不年轻了。还有特别的一点是，在这颗牙齿的侧面有一个卵圆形的小坑，专家认为这是龋齿造成的。看来这位东北的古人也曾受到蛀牙的困扰啊！

最后，我们来看右侧下颌第一臼齿。这颗牙齿的齿冠磨损程度中等，4个齿尖还保留着，齿尖之间的沟纹还比较清晰。专家推断它的主人处于壮年阶段。

我们看完了牙齿，再来看看股骨残段化石。股骨残段化石长68.9毫米，是股骨的中段，表面遍布粗粗细细的裂缝，骨壁较厚。专家推断它的主人是一个小孩。

4件化石代表着不同年龄阶段的庙后山人，能告诉我们许多关于古人类进化的信息，是非常珍贵的化石材料呢。

■ 庙后山人右侧上颌第三臼齿化石

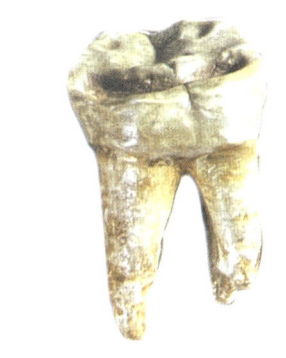
■ 庙后山人右侧下颌第一臼齿化石

■ 庙后山人股骨残段化石

化石的发现

庙后山因山前有一座庙而得名。在20世纪70年代，庙后山上有一座采石场，这里蕴藏着优质的石灰质岩，人们可以采来用于加工建筑材料。那是1978年的一天，附近的村民在庙后山采石时偶然发现了一个黑黝黝的洞穴，村民们都很好奇，争着抢着想进洞里看看。在洞口处，有许多崩落的石块，村民们发现在石块中竟然有许多龙骨，也就是哺乳动物的化石。大家都非常激动，马上将这一发现上报。后来，考古学家就对这个山洞进行了正式发掘，从1978年开始到现在，一共进行了4次发掘，在发掘现场发现了2颗人牙化石和1段股骨残段化石。

1979年，天津自然博物馆应邀参加庙后山遗址的发掘工作，曾搜集了一些动物化石标本。1985年，有1颗人牙化石在天津自然博物馆被辨认出来。

庙后山遗址是目前发现的、位于我国最北边的一处旧石器时代的早期遗址。它的地理位置很特殊，是古人类向东北亚和北美迁移的重要据点，在与邻近地区远古文化的交流上起着桥梁的作用。所以，庙后山遗址的发现引起了世界古人类学界与旧石器考古学界的密切关注，许多国家的专家纷纷来到庙后山进行学术考察。

猜你不知道

什么是旧石器时代

人类在进化过程中，慢慢学会了使用工具。在初期时，使用的工具主要是一些制作简单且粗糙的石器。人类使用了很长时间的石器，考古学家将这个漫长的时代称为石器时代。石器时代主要分为旧石器时代和新石器时代。旧石器时代又分为早、中、晚三个时期。这个时期人类的生产工具主要是打制石器，生活方式以采集和狩猎为主。渐渐地，人类学会了磨制石器，也就是进入了新石器时代。新石器时代的人类主要使用磨制石器，还发明了陶器，并且在这一时期出现了农业和畜牧业。

化石会说话

庙后山人年代跨度大

前面我们已经了解到,庙后山人的4件化石来自不同年龄的不同个体。不仅如此,研究发现,它们的主人还生存在不同的年代呢。庙后山人的化石是在不同的地层内被发现的。山洞内的地层堆积总厚度为13.5米,一共分为8层,每层的土质都不太一样,庙后山人的化石出土于第6层和第5层。根据最新的铀系测年结果,右侧下颌第一臼齿出土于第6层上部,年代应至少为20万年前;股骨残段出土于第6层下部,年代很可能为40万～30万年前;右侧上颌犬齿出土于第5层中部,年代应至少为50万年前。右侧上

> **猜你不知道**
>
> **考古分层**
>
> 在遗址考古工作中,为了弄清楚材料的先后顺序,为后续的研究提供可靠、确凿的信息,考古工作者需要对遗址堆积物进行分层,每层都具有不同的特点,例如土质、土色、所含化石遗物不同等。在发掘时,考古工作者要按照层位来收集遗物并做好准确的记录。

颌第三臼齿是后来被辨认出来的，推测其出土于第5层中部和第6层上部之间，那么它的年代应该在50万~20万年前。

现在我们知道庙后山人生存的年代了，那他们在人类演化史中处于什么位置呢？研究者结合牙齿化石形态以及年代数据研究发现，右侧上颌犬齿和右侧上颌第三臼齿都属于直立人阶段，右侧下颌第一臼齿则属于智人阶段，这说明庙后山人和前面提到的南京人一样，也具备两种演化阶段，存在直立人向早期智人过渡的阶段。这一发现在考古学界具有重要的科学价值呢！

此外，庙后山人被认为是最早在东北地区定居的中国古人类，他们算得上是"闯关东"的开山鼻祖了！

庙后山人手艺强

为了让自己的生活更便利，庙后山人已经掌握了一套打制石器的方法，这从庙后山遗址出土的丰富石器就可以看出。庙后山遗址共出土了76件石器，有刮削器、砍斫（zhuó）器、石球等。制作石器的原料主要是灰黑色石英砂岩，这种岩石硬度高，质地致密，韧性强，而且在附近小汤河的砾石层中就有，取材方便，原料又充足，这说明庙后山人还是非常聪明的。

庙后山人常用锤击法和碰砧法来制作石器，他们用锤击法制作刮削器、尖状器等小型石器，用碰砧法来打制大石片。值

> 猜你不知道

打制石器有方法

你见过古人类制作的石器吗？也许你会觉得那些石器看起来很粗糙，就是一块块不同形状的石头而已。但对于我们人类的祖先来说，懂得打制石器已经是一个划时代的进步了。在漫长的石器时代，他们不断摸索和积累经验，从一开始的没有章法到后来能够制造出精细的复合工具，这样的进步令人叹为观止。

那他们是怎么制作石器的呢？最简单的一种方法是直接打击法，也就是将两块石头直接撞击，这样石片就会脱落下来。其他常见的方法有锤击法、砸击法、碰砧法。锤击法是一只手拿石锤，另一只手拿石核（石片从石块上剥落下来后，剩余的部分就是石核），用石锤直接打击石核，这样就会敲下石片来。砸击法是将石核放在石砧（可以理解为厨房切菜用的砧板）上，用石锤沿石核边缘直接砸击。碰砧法是用石块直接用力敲击一个较大的石砧，这样敲下来的石片一般比较宽大厚重。

锤击法

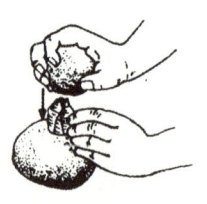

砸击法

碰砧法

得一提的是，庙后山人会用交互打击法对大石片进行再加工，制作出大型砍砸器等石器。交互打击法是一种对石片刃部进行加工的方法，对石片两面进行打击，打击出的刃如锯齿状，这种技术在东北地区的旧石器遗址中仅存一处。

除了石器，工作人员在庙后山遗址还发现了3件典型的骨制品，都是用哺乳动物的肢骨片制成的，可用于刮削或挖掘。由此可见，庙后山人已经不局限于使用打制石器而开始掌握制作骨器的技能了，这是古人类的一大进步啊！

作为进步代表的庙后山人，怎么能少得了对火的使用呢？在庙后山遗址的第6层，有一层薄灰烬，由粉末状的黑色物质组成，含零星炭屑和烧骨。这是庙后山人的用火痕迹，说明他们也能吃得上熟肉、住得上暖窝、吓得跑野兽了。

庙后山遗址出土的石器

庙后山人朋友多

和庙后山人一起生活的朋友共有76种脊椎动物，其中哺乳动物有72种，包括北京香麝、灰仓鼠、中华貉、加拿大马鹿、硕猕猴、大河狸、梅氏犀、沙狐、翁氏兔、复齿旱獭、油蝠、变异狼、杨氏虎等。此外，庙后山人还有2种鸟类朋友，野鸭和雉；2种鱼类朋友，草鱼和鲤鱼。庙后山人的动物朋友圈还挺大的呢！

的确，庙后山遗址的动物种类在我国东北地区是最丰富的。在这些动物中，有些动物非常不友好，常常威胁着庙后山人的生命安全。幸好庙后山人会使用火，以此来驱赶野兽。有些动物则

> **猜你不知道**
>
> **了不起的动物化石**
>
> 在地球历史中，不同的时代有不同进化阶段的动物，不同的地区又有其特有的动物群。通过对动物化石的研究，我们能够了解各种生物的起源、发展以及灭绝的历程，从而形成对生物史的认知。另外，动物化石还有指示地层的作用。例如，根据庙后山遗址出土的动物化石，考古工作者确定了以第7、第8层为代表的晚更新世"山城组"地层剖面，和以第4、第5、第6层为代表的中更新世中期和晚期的"庙后山组"地层剖面，从而建立了东北地区第四纪标准地层剖面。

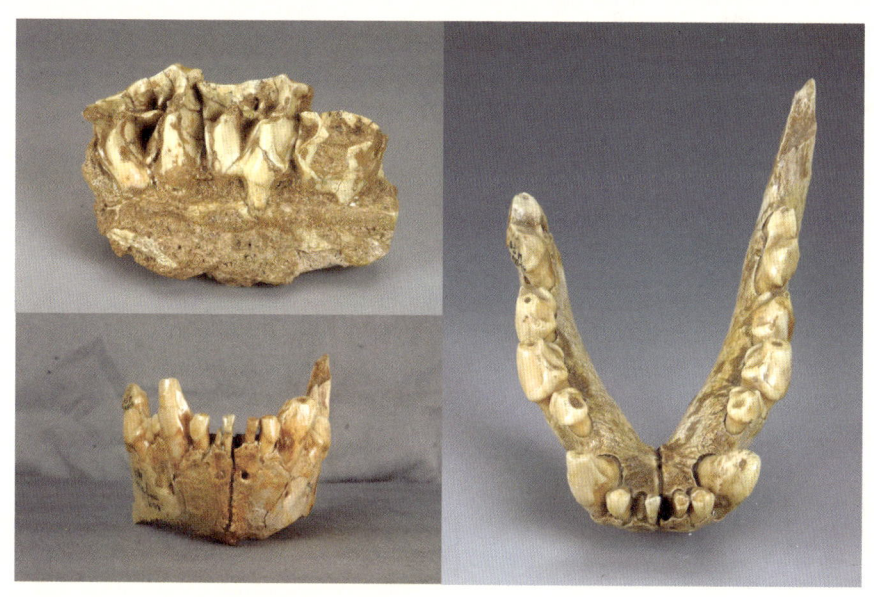

■ 庙后山遗址出土的动物化石

是庙后山人狩猎的对象，根据遗址发现的化石来看，庙后山人捕获数量最多的动物是鹿类。此外，他们还会去河中捕鱼。你可以想象一下，庙后山人过着群居生活，白天他们出去采集、狩猎、捕鱼，晚上围坐在篝火旁烤肉吃。你是不是觉得他们的生活如世外桃源般美好？其实不然，他们要长期与野兽和恶劣的气候做斗争，能顽强地活下来就是一种幸运了。

和县人，粗壮牙齿真奇怪

回到远古

大约40万年前，在今天的安徽省马鞍山市和县陶店乡，有一个叫龙潭洞的地方。这里环境优美，气候温凉舒适，宛若世外桃源。茂密的山林里生活着大熊猫、巨貘，开阔的草地上有葛氏斑鹿和野猪，大片的湖泊是鳖和鳄的家园。这时候，和县人也在这里安家了。

他们很喜欢这个地方。虽然中国鬣狗等野兽时常会威胁到他们，但毕竟这里气候舒适、食物

充足、适合长久生活。他们在这样的"世外桃源"里生活,很长时间内都没有外人来打扰他们,他们也不曾离开。毕竟在当时,交通属实不方便啊!

化石在哪里

和县人头盖骨化石

北京人3号头盖骨模型

和县人都给我们留下了哪些珍贵的化石呢？一个近乎完整的头盖骨，两块头骨碎片，一块下颌骨碎片和10颗单个牙齿。其中，最珍贵的要数头盖骨化石了，现在珍藏于中国科学院古脊椎动物与古人类研究所。因为它非常珍贵，所以平常不对外展出，我们在中国古动物馆的古人类展厅能见到它的模型。它保留了脑颅的绝大部分，仅颅底部分有一些缺失，因此古人类学家才能将其复原成一个基本完整的头盖骨。

让我们一起来看看它的外形。它的前额扁塌、眉脊比较粗壮，这些特征表明和县人还很原始。你还记得北京人的头盖骨化石吗？和县人的头盖骨化石和北京人的有点儿相似。不仅外形相似，一些其他性状，如脑容量等，也和北京人的比较接近。但它们又有不同，例如，和县人眼眶后方的头骨缩窄的程度（在古生物学上称为"眶后缩窄"）不像北京人的那样明显，这一特征表明和县人比北京人更进步一些。

和县人头盖骨的主人到底是一个什么样的人呢？古人类学家对和县人的头盖骨化石进行了精细的测量，根据颅骨内外骨缝均未愈合的情况推断，它的主人是一位20岁左右的男性。

猜你不知道

测一测化石

你知道吗？我们现在所了解的关于古人类的秘密，都是古人类化石告诉我们的。也许你会很好奇，古人类学家到底是怎样研究古人类化石的呢？其中有一项非常基础并且重要的工作，那就是测量工作。在拿到化石材料后，古人类学家会对化石做全方位的测量，例如不同位置的长度、宽度、厚度、高度、角度、弧度、孔径、容量等。只有你想不到的，没有古人类学家测量不到的。上面讲到的"眶后缩窄"就是古人类头骨尺寸中的一项重要数据。根据测量的数据，古人类学家就可以告诉我们古人类的年龄、性别、健康状况等信息啦！

化石的发现

在和县人的故乡有一座山叫汪家山，附近有一条自西北流向东南的小河，在山下积聚为水潭，当地人称之为龙潭。那是1963年的冬天，当地的农民在进行农田水利建设时，在龙潭上方炸开了一个山洞。大家都非常好奇，这里怎么会有山洞呢？于是大家纷纷进入洞里一探究竟，结果发现里面堆满了动物的遗骸。当地有位中医听说后，也跑过来凑热闹，看到动物遗骸后不禁吃惊得大叫起来："这是龙骨呀！"当这位中医向农民解释龙骨是一味中药后，当地农民不约而同地拥入洞内去挖龙骨，结果几天之内就挖出了数千斤。后来洞顶坍塌了，当地的农民再也不敢去挖了。

1979年，中国科学院古脊椎动物与古人类研究所的专家前往龙潭洞考察并对化石进行了鉴定，发现这里非同一般——这里的动物化石非常密集，而且分了好多层，有一些鹿角化石有被折断或砍断的痕迹。在场的专家脑海中浮现出这样的疑问：难道是古人类所为？

　　1980年，相关专家对龙潭洞进行了正式发掘。一天下午，突然传来了一个消息：洞内挖掘出了一个怪物。经鉴定，这个怪物就是古人类的一个头盖骨。这让在场的所有专家都惊喜不已。和县人就这样被发现了。专家对龙潭洞进行了几次发掘及清理后，除了和县人的14件化石外，还发现了大量动物化石，以及和县人使用过的石器、骨器、烧骨、灰烬等遗存。

化石会说话

受伤的头骨

　　你注意到了吗？和县人头盖骨化石上有许多痕迹，就像蜘蛛网一样。其实这也正常。你想啊，化石在地下埋藏了几十万年，肯定受到过各种挤压、撞击等外力的作用。在古人类学家的眼里，大多数痕迹都属于正常现象。不过，个别异常痕迹也逃不过古人类学家的火眼金睛。异常痕迹往往有骨折、创伤、病变、先天畸形、变形、溶蚀等。你可别小看它们，它们可是研究古人类健康状况、死亡原因等的重要证据呢！

和县人头盖骨上面就有3种异常痕迹。研究发现，在这3种异常痕迹中，一种是地层挤压导致的裂痕；另一种是埋藏环境导致眉脊处发生腐蚀产生的痕迹；还有一种是创伤痕迹，在顶骨后部。其中创伤痕迹备受关注，古人类学家对创伤形成的原因非常好奇。有研究认为，这位青年男性生前被人从后面揪住头发，用力拉扯导致头皮脱落，进而引起感染产生了创伤。还有研究认为，他头骨后面的头发被火点燃了，创伤是烧伤头皮所致。不管是哪种原因，想想都让人觉得疼啊！也许这个大男孩比较顽皮，不是跟人打架就是玩火。要真是这样，你可别学他哟！

奇怪的牙齿

之前我们讲过，牙齿在古人类研究中扮演着非常重要的角色，对于我们了解古人类的演化阶段和生活习性有很大的帮助。但是，和县人的牙齿却不太正常。前面我们提到，和县人比北京人更进步一些，但其牙齿的尺寸及形态却比北京人表现得更原始一些。例如，和县人牙齿的齿冠比较大，齿根粗壮，分叉明显。这是怎么回事呢？

据研究者推测，和县人有可能是生存在一个与世隔绝的环境中，所以牙齿保持了比较原始的特征，而在更原始的北京人身上这些特征已经消失了。这说明形态的进步与否和时代的早晚没有直接的对应关系。

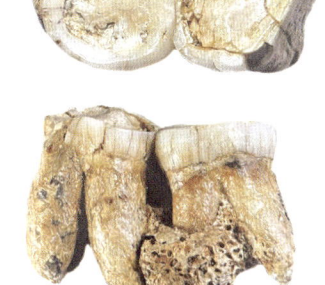

和县人牙齿化石

有特色的动物群

与和县人一起生活的大量动物，形成了一个十分有特色的动物群。在这个动物群中，有剑齿虎、肿骨大角鹿、葛氏斑鹿、中国鬣狗、大河狸、东方剑齿象、大熊猫、中国貘、巨貘、野猪、中国犀等，是一个庞大的动物组合。你发现了吗？这个动物群是一个南北混合的群体，有北方的剑齿虎、葛氏斑鹿、大

一百万年古人类

63

河狸等,也有南方的大熊猫、东方剑齿象、中国貘等。这意味着,当时和县人生活的地方可能是南北动物来往迁徙的交汇区域。

另外,在这个动物群中,还有跨"纪"的动物——剑齿虎,来自第三纪的残存物种。你还记得前面提到的地质年代的划分吗?和县动物群的地质年代为新生代第四纪。还有一种动物比较特别,它就是大河狸,它的发现填补了第四纪河狸化石在我国南方的空白。总的来说,和县动物群极具特色,是在全国十分罕见的动物群。

猜你不知道

什么是动物群

动物群是指分布于一定地区、环境或时代,在历史上形成的各种动物的总体。在古生物学中,常按动物类别、分布地区或地史时代等进行划分和命名,其范围大小不定。在古人类研究中,我们经常会见到华南大熊猫-剑齿象动物群、东北亚猛犸象-披毛犀动物群等,这些动物群是根据其中的几种典型动物来命名的。

每物一"萌"

广西百色手斧

帅气的手斧

20世纪40年代，西方学者提出了"人种优劣有别论"，认为按照早期人类的技术和行为能力，在旧石器时代早期存在着东、西方两个不同的文化区：欧洲、中东和非洲地区是"早期人类的先进地区"，这里的古人类掌握着先进的工具制造技术，以西方的手斧文化为代表；而东方则是以制造简单的砍砸器为特征的"文化滞后的边缘地区"。这是一种错误的论断。

但在很长时间里，我们都苦于没有证据反驳这种论断，直到发现百色手斧。在广西壮族自治区的百色盆地，出土了距今约80万年的手斧，有力地驳斥了这种论断。

手斧是人类出现后制造的第一种加工技术先进、形制规范的工具。它是两面加工的，沿着石料的两侧往一端加工成尖。百色手斧多数只

一百万年古人类

65

加工器身的上半部，下半部保留原貌，但也有部分手斧通体加工，制作比较精致，器形对称美观。

古人类为什么会把石头加工成手斧这样的形状呢？你可以仔细观察一下，你觉得手斧的形状像什么呢？有科学家认为，手斧的形状就像我们的五根手指并拢在一起的样子。人类习惯性地用手劳作，所以就会自然而然地把工具做成手的形状。

那么，手斧都有哪些功能呢？它非常适合用来挖掘土壤中的植物根茎；也可以用来劈开粗竹竿，加工竹器。手斧不仅增强了古人类的生存能力，而且制作手斧的过程也刺激了他们大脑的发育，甚至激发了语言的产生。

湖北丹江口手斧

陕西洛南手斧

第二章

旧石器时代的古老型智人

华龙洞人，东亚最早准现代人

回到远古

长江是我们的母亲河，自古以来就孕育滋养着中华民族。大约30万年前，长江南岸的石灰岩地区有许多溶洞，岩石资源非常丰富，石英岩、硅质岩随处可见。溶洞周围是低山、丘陵、湖泊、平原，温暖湿润的气候为动植物的生存提供了良好的条件，大熊猫、剑齿象、棕熊、大额牛、猪獾、金猫等许多动物都惬意地生活在这里。

但它们也不总是那么惬意。大自然虽然美好，却也潜藏着危险。一只年老体弱的肿骨大角鹿被棕熊猎杀了，棕熊"血足肉饱"后心满意足地

化石在哪里

你如果去中国古动物馆的人类演化馆参观，就会发现一块奇怪的化石，它看起来是乱糟糟的一团。你可能会很疑惑，这是什么？为什么和其他化石摆在一起？难道它也是珍贵的化石吗？没错！这是华龙洞6号头骨化石出土状态模型。它之所以看起来乱糟糟的，是因为整个头骨被包裹在了地层胶结物中，仅露出了眼眶和部分面部。当然，这只是模型，真正的头骨化石已经被专家清理出来了，一共有19件头骨和下颌骨碎片，均来自同一个主人。

在华龙洞出土的古人类化石中，华龙洞6号头骨化石是保存最为完整的一件。专家对它进行了细致的修复、拼接、

华龙洞6号头骨化石出土状态模型

虚拟复原等。那么，6号头骨修复之后是什么样子呢？我们来看一看它的修复过程图你就明白了。图中展示了6号头骨从刚出土时的状态，到去除地层胶结物之后得到的化石碎片，再到使用3D技术对头骨进行虚拟复原，得到头骨正面图的过程。下面的3张图是复原后的头骨的不同视图。在复原后的头骨图上，有一些镜像补足区域。也就是说这部分原本是缺失的，但和它对称的区域有化石，专家就可以按照对称的原则把缺失的这部分补足。

专家对头骨以及牙齿等特征的研究表明，6号头骨的主人是一个十四五岁的少年。

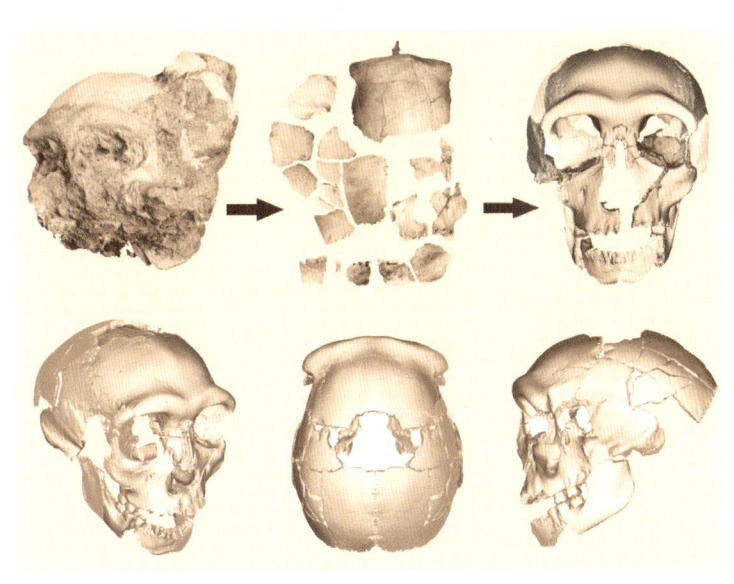

华龙洞6号头骨修复过程图及不同视图

> 猜你不知道

神奇的化石修复师

其实，大多数化石出土时，可能都会像华龙洞6号头骨那样一副乱糟糟的样子。外行人可能都认不出上面的化石。但古人类学家有一双慧眼，他们凭借专业的知识和丰富的经验，能够一眼就识别出它们。光识别出来还不够，化石出土以后还有大量繁复的工作，这就需要化石修复师上场了。化石修复师首先要对化石进行清理，要小心翼翼地把地层胶结物去掉，而且还不能伤及化石本身。这是一件相当有难度的技术活儿，修复一件化石有时需要好几年的时间。我们在博物馆中看到的一些精美化石，都是化石修复师精雕细琢后的成果。

化石的发现

华龙洞人化石的发现，是一个很长的故事。

早在1988年，安徽省池州地区（今池州市）东至县尧渡镇庞汪村的村民就在附近的梅源山发现了龙骨。直

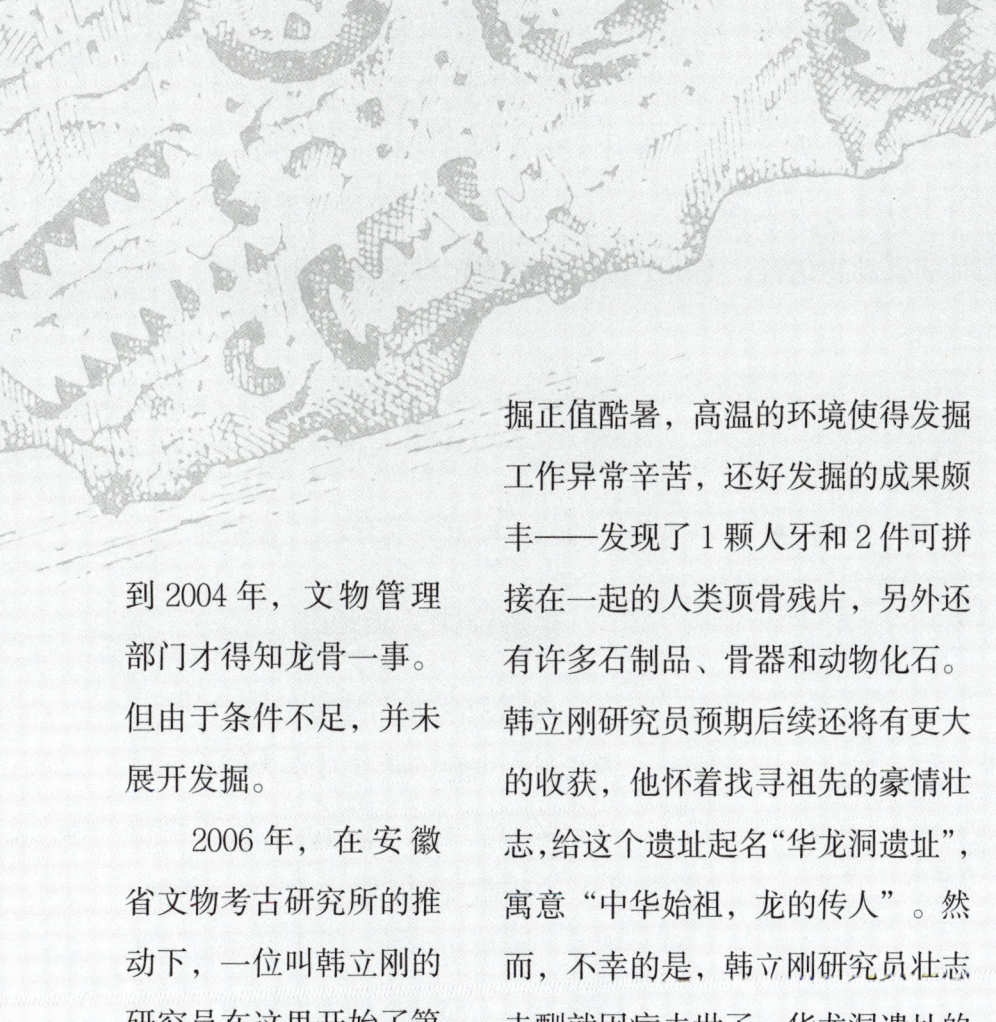

到2004年,文物管理部门才得知龙骨一事。但由于条件不足,并未展开发掘。

2006年,在安徽省文物考古研究所的推动下,一位叫韩立刚的研究员在这里开始了第一次正式发掘。这次发掘正值酷暑,高温的环境使得发掘工作异常辛苦,还好发掘的成果颇丰——发现了1颗人牙和2件可拼接在一起的人类顶骨残片,另外还有许多石制品、骨器和动物化石。韩立刚研究员预期后续还将有更大的收获,他怀着找寻祖先的豪情壮志,给这个遗址起名"华龙洞遗址",寓意"中华始祖,龙的传人"。然而,不幸的是,韩立刚研究员壮志未酬就因病去世了,华龙洞遗址的发掘工作也因此搁置了。

一晃几年过去了，华龙洞遗址也一直被社会各界关注着。2014至2016年，中国科学院古脊椎动物与古人类研究所、安徽省文物考古研究所等单位联合组队，重新启动了对华龙洞遗址的发掘工作，取得了重大收获。

华龙洞遗址一共出土了30多件古人类化石，代表大约16个古人类个体。其中2015年发现的较为完整的头骨，也就是华龙洞6号头骨，大大提升了华龙洞遗址的科学价值。此外还有100多件古人类制作使用的石器、300多件骨器以及40多种哺乳动物化石。不得不说，这里的化石还真丰富啊！

化石会说话

长着现代人的容貌

通过对华龙洞遗址的综合研究，华龙洞人生存的年代被定为距今33.1万~27.5万年，这是古人类演化史上一个很重要的阶段。在20万年前，直立人退出历史舞台，古老型智人开始繁盛，不同类型的古人类成员共存于世。那么，30万年前的华龙洞人在人类演化大舞台上处于什么位置呢?

专家对华龙洞人的头骨进行了全面研究,并且对其进行了面貌复原,发现华龙洞人的面貌与现代人的很相似,表现为面部扁平、面部形态纤细、牙齿结构简单且尺寸较小等。这揭示出东亚地区的人类已经开始从古老形态向早期现代人演化过渡了,而且时间比以往认为的要早8万~10万年。不过他们也呈现出一些与北京人等古老的前辈相似的特征,例如低矮的脑门儿、粗壮的眉脊、明显的矢状脊等。但这些特征在华龙洞人身上已经不太明显了。这种情况体现出东亚地区人类的演化总体上是连续的,华龙洞人属于一种古老型智人。不管

华龙洞 6 号头骨面貌复原图

猜你不知道

古人类面貌怎么复原

相信很多人都会好奇,生活在几十万年以前的古人类到底长什么样呢?古人类化石可以告诉我们古人类的年龄、生存年代等信息,但却无法直接告诉我们古人类长什么样子。要想知道古人类的面貌,就需要对其进行面貌复原。有一种方法叫颅面复原,是在古人类较完整

的头骨模型上，用可塑物质，如橡皮泥、黏土、塑像蜡等，代替头部和面部的软组织，复原出古人类生前的面貌。这种方法属于手工复原，是进行古人类面貌复原的常用技术。还有一种方法是利用计算机进行三维虚拟复原，同时结合一些美工绘画的技巧，复原出古人类的面貌。

怎么说，华龙洞人算是东亚地区最早的准现代人啦！

因"石"制宜

你肯定听说过"因地制宜"这个成语吧？它指的是根据不同地区的具体情况规定适宜的办法。前面我们提到，华龙洞遗址出土了100多件石器，说明这里具有丰富的岩石资源，华龙洞人这是因"石"制宜啊，就地取材，制作了这么多石器。当时的岩石主要是石英石和燧石。在这些石器当中，研究人员发现

燧石

石英

了两件可以拼合的燧石制品，这说明华龙洞遗址内的化石应当属于原地埋藏。如果是异地埋藏，化石经过后期地质作用的搬运，通常会散落、混乱、破碎，不太可能出现可以拼合的情况。

研究人员还发现，质地较好的燧石制品主要采用锤击法制作而成，而石英石制品则主要由砸击法制成。这两种打制石器的方法，我们在介绍庙后山人时讲过，你还记得它们分别是怎么操作的吗？如果不记得了，快去温习一下吧！这种针对不同石料采取不同打制方法的现象，反映出华龙洞人已经对不同石料有了一定的认识，而且懂得采取多样化的制作方法。华龙洞人可真聪明啊！

猜你不知道

原地埋藏和异地埋藏

原地埋藏是指生物死后，其遗体及遗物保存在死亡地，之后没有移动过或移动范围不超越该生物生活区域的埋藏状态。这样生物体结构及其遗物就会保存得比较完整，其表现出的一些考古学特征与埋藏环境就会相符合，有些生物体的碎片也可以拼接在一起。异地埋藏是指生物死后，其遗体及遗物被运到另一个地方再堆积的埋藏状态。在这种情况下，生物体及其遗物就容易破碎或者被磨蚀，有些化石碎片难以拼接，化石群的生态特征可能就与沉积环境不符了。相较于异地埋藏，古生物学家当然更喜欢原地埋藏啦，因为原地埋藏的化石往往能告诉我们更多关于远古时代的信息。

坐享其成的华龙洞人

华龙洞人的聪明不仅体现在石器上，从出土的骨器上也能看出来。他们的骨器有什么神奇之处呢？研究发现，有些骨器上既有动物啃咬的痕迹，又有非常明显的切割、砍砸等人工痕迹。对于人工痕迹，我们很好理解，肯定是华龙洞人对其进行加工利用的痕迹。那动物啃咬痕迹是怎么来的呢？这些动物是华龙洞人捕获的吗？据专家分析，这些骨器上的痕迹应该是动物啃咬在先，人工加工利用在后，而且华龙洞人应该也不是捕猎者，华龙洞人也许捡拾了捕猎者吃剩下的动物躯体，得到了大量的骨头，并将其制作成各种各样的骨器。运气好时，说不定他们还能吃到不少肉呢。华龙洞人的聪明才智不得不让我们佩服啊！

这种坐享其成的方法，对于当时生活艰难的华龙洞人来说，可谓是一种比较实用的生存策略。

大荔人，粗壮眉脊有特色

回到远古

大约26万年前，现在的陕西省渭南市大荔县，草原广阔，河流密布，土地肥沃，气候温和，是动植物的美好家园。马、牛、羊、鹿等动物在肥美的草地上尽情地撒欢儿，它们吃饱喝足之后就会躺在草地上，一边晒太阳一边打盹儿，很是惬意。鱼儿和河蚌等水生动物则在流淌的河水中嬉戏，调皮的鱼儿一会儿朝着河蚌吐泡泡，一会儿又跳出水面来个空翻。

突然，动物群中一阵骚乱，马、牛、羊等动物开始奔跑，并发出惊恐的叫声。原来是一群大荔人正在捕猎。他们分了三拨，各有分工，一拨人正在追逐鹿、羊，一拨人正在围猎一头牛，还有一拨人正在抓捕一匹马。快看！一个强壮的男人已经爬到了马身上，想要驯服它。

河边有一拨人正在抓鱼和捞河蚌，肥美的鱼儿和河蚌也是大荔人喜爱的食物。还有一拨人在河边正低头寻找什么，其实他们是在找石头制作石器。大荔人的生活真是热闹又忙碌啊！

化石在哪里

大荔人给我们留下的化石不多,目前仅发现一件头骨化石,现珍藏在中国科学院古脊椎动物与古人类研究所。别看只有这一件人类化石,它却能告诉我们很多关于大荔人的信息呢。

大荔人的头骨化石虽然缺失了下颌骨,但它在我国古人类头骨化石中是保存最完整的,并且其完整度在世界上也是少有的。让我们一起来看看它长什么样吧。首先你会注意到,它粗壮的眉脊在整个头骨上显得十分突出。它的眉脊很特别,呈"八"字形,向后外侧延伸。前面我们讲过的一些古人类,如北京人等,也有着粗壮的眉脊,但和大荔人的眉脊不同,北京人的眉脊是一字形排开的,连成了一条线。大荔人的眉脊是不是很有特色呢?

除了粗壮的眉脊,大荔人头骨化石还表现出头顶低矮、前额扁平、颧(quán)骨比较细弱且朝向前方的特点,这使得他

们的面部比较扁平，鼻梁有点儿扁塌，嘴部不太突出。古人类学家综合推断，大荔人头骨的主人是一个不足30岁的男性。

大荔人头骨模型

化石的发现

大荔人头骨化石的发现，说起来是一件非常偶然的事。那是1978年的春天，正值春暖花开、万物复苏的时节，小草正在悄悄地发芽，河中的冰已经融化，河水正在欢快地流淌。

陕西省大荔县段家乡解放村来了一支地质勘查队，他们是陕西省水利电力勘测设计研究院的工作人员，来这里进行地质勘查。3月21日，他们来到附近的甜水沟进行野外工作。在观察一处距地面40米的断崖地层剖面时，一位工作人员突然被上面的一团灰白色球状物吸引住了。多年的地质勘查经验告诉他，此物非同寻常，很可能是化石。大家对此物都很好奇，决定攀登上去一看究竟。他们用手铲轻轻铲除灰白色球状物周围的土后，一个人类头骨形状的东西暴露了出来。"是一个人类头骨化石！"他们激动得喊了出来。于是，大荔人的头骨化石就这样得以重见天日了。

随后，西北大学地质学系、中国科学院古脊椎动物与古人类研究所等多家单位，对此地进行了大规模的发掘，收获颇丰。除了人类化石，工作人员还发现了500多件石器和大量动物化石，为研究大荔人的生活状况提供了丰富的化石材料。此处最初被命名为"大荔人遗址"，现在已改名为"甜水沟遗址"，是一处非常有价值的古人类遗址。

> **猜你不知道**
>
> **在野外如何识别化石**
>
> 化石一般在地下埋藏了很久，经历了岁月的侵蚀，已经不再是原来的样子了，往往不容易被识别出来。要想找到化石，不仅需要具备地质学、古生物学等相关专业的知识，而且还需要积累丰富的野外实地考察经验，这样才能建立起对化石的"感觉"，在遇到疑似化石的物体时能够快速识别。当然，运气有时也会起作用。但运气再好，如果没有实打实的真本事，也有可能错过珍贵的宝贝。

化石会说话

有点儿干燥的生活环境

大荔人在20多万年前的生活环境是什么样的呢？是温暖还是寒冷？是湿润还是干燥？这就需要动植物化石来告诉我们啦！我们已经知道，伴随着大荔人头骨化石出土的还有大量动物化石。那么，都有哪些动物和大荔人一起生活过呢？有古菱齿象、犀牛、马、鹿、河狸、普氏羚羊、鼢鼠、鸵鸟、鲤鱼、鲇鱼、蚌、螺等。研究者根据这些动物的生活习性推测，这里的气候当时应该是温暖的。

除了动物化石，在甜水沟遗址还发现了一些植物的孢粉。据研究者分析，这些孢粉来自多种植物，如蒿、菊等草本植物，松、柏、云杉等针叶树，但没有发现

猜你不知道

孢粉是什么

孢粉是植物孢子和花粉的总称，是植物的生殖细胞，可以用来繁殖下一代。孢粉非常小，需要借助显微镜才能看到。孢粉里面含有植物的遗传信息，不同植物的孢粉具有不同的形态。根据孢粉的形态特征，植物学家就可以知道它来自哪种植物。孢粉拥有非常奇特的外壁、耐酸碱、耐高温、耐高压、抗氧化，即使

阔叶树。针叶树比较耐旱，由此可推断当时的环境有点儿干燥。综合动植物化石来判断，大荔人的生活环境还是很温和的，只是有一点儿干燥。

早期智人的代表

古人类学家对大荔人头骨化石进行了细致的分析，发现了一些有趣的现象。

大荔人头骨化石有一部分特征和中国其他古人类化石相似，包括粗壮的眉脊、很厚的骨壁、明显的矢状脊等。另外，大荔人头骨化石还有一些特征与现代人相似，例如面部较短、嘴部不突出等。此外，古人类学家还对其

在地下埋藏几百万年依然能保存完整。因此，孢粉经常在古人类研究中被用到，古人类学家可以通过它来推测古人类生活的环境状况，例如有哪些植物，气候如何等。小小的孢粉有大大的作用啊！

脑容量进行了测量，大荔人的脑容量为1120毫升，比北京人等古人类的稍大一些，比现代人的稍小一些。因此，古人类学家综合头骨的各种特征推断，大荔人在人类演化史中可能处于从直立人向化石智人过渡的阶段。化石智人又分为古老型智人（早期智人）与早期现代人（晚期智人），而大荔人是古老型智人的代表。

在大荔人头骨化石被发现之前，处于这一演化阶段的古人类化石材料非常少。可以说大荔人头骨化石的发现丰富了化石材料，具有非常重要的意义。

与北京人有亲密的关系

我们知道，大荔人的生活离不开工具的使用。在甜水沟遗址出土的大量石器当中，大多数是石片和石核，以刮削器为主，其次是尖状器，还有少量的雕刻器和石锥。制作这些石器的原料有石英石、燧石等，它们都是大荔人从河边捡来的。研究发现，这些石器大多使用锤击法制作而成，单刃石器多于复刃（石器两面都有刃）石器，石器类型和修理方法与北京人使用的有许多相似的地方，这说明大荔人与北京人可能有亲密的关系。

金牛山人，土石封火吃烧烤

回到远古

在濒临渤海的辽宁省营口市，有一个县级市叫大石桥市。在大石桥市永安镇地区有一座山叫金牛山，它是千山山脉伸向辽河平原南端的余支。说起山脉，你的脑海中是不是会浮现巍峨雄壮、高耸入云的景象？金牛山虽然也叫山，但它的海拔还不到70米，周长也才1200多米，是一座小山丘，而且还是一座孤立的小山丘。就是这么一座不起眼的小山丘，在20多万年前可是古人类的家园呢！古人类就住在这座山的山洞里，山洞可是个遮风挡雨的好地方。他们在这里过着群居的生活，男女各有分工，男人负责狩猎，女人负责采摘植物的果实和根茎，日子过得还不错。

金牛山

一百万年古人类

87

一天当中,最让他们感到快乐的是晚上。天色暗下来之后,男人们带着猎物欢天喜地地回来了;女人们扒开封火的石块,燃起了篝火。大家围坐在篝火旁开始烤肉吃,山洞里暖融融的,野兽看见火也都躲得远远的。大家开心地吃着肉和采摘的果实,火光映红了他们洋溢着笑容的脸庞……

化石在哪里

金牛山出土的人类化石有哪些呢？相比我们前面介绍的其他古人类遗址，金牛山遗址的人类化石材料是最丰富的，包括一个基本完整的头骨和身体其他部位的许多骨骼，如脊椎骨、肋骨、髋（kuān）骨、股骨、腕骨、指骨等。和之前我们讲过的古人类化石相比，金牛山人的这些化石更有"人样儿"。因为按位置码放好，它们还是能摆出人类的一些样子的。

在这些化石中，除了1件指骨和1件脊椎骨单独被发现以外，其他化石都在1.6平方米的范围之内被集中发现。另外，这些化石的色泽相同，相同的身体部位也没有重复的化石，有些关节部位都能够吻合连接到一起。因此，专家判断，这些化石应该属于同一个体。

金牛山人骨骼化石

一百万年古人类

> **猜你不知道**
>
> **零星破碎的人类化石有价值吗**
>
> 你注意到了吗？有些金牛山人化石非常非常小，例如指骨，而且都是零星的一小块，看起来非常不起眼；还有脊椎骨，也不是连在一起的，都碎成了一块一块的。但不要小看这些零星破碎的化石，它们能告诉我们古人类不同身体部位的信息，尤其当它们还属于同一个体时，就更加难能可贵了。古人类学家通过研究对比不同身体部位的古人类化石，可以发现古人类和现代人之间的更多异同，从而探知更多人类演化的秘密。

化石的发现

金牛山遗址还有一段让我们心痛的历史。金牛山虽小，却埋藏着丰富的矿产资源。在二十世纪三四十年代，正值抗日战争期间，日本人曾在金牛山开采菱镁矿，大肆掠夺中国的矿产资源。在采矿过程中，他们发现了一个石灰岩溶洞，里面有许多哺乳动物化石。日本人对此还进行了一番研究。由于当时信息闭塞，我国并不知道这件事。

转眼到了20世纪70年代，当地的老百姓在采矿过程中不断发现化石，这引起了当地文物部门的注意。于是，辽宁省博物馆、中国科学院古脊椎动物与古人类研究所等多家单位组成了联合发掘队，在金牛山进行了首次发掘，确实发现了不少动物化石。后来又进行了几次发掘，又发现了大量动物化石、烧骨、灰烬等人类用火痕迹以及少量石器。

那金牛山人是什么时候亮相的呢？1984年，北京大学的一位教授带领几名研究生来到金牛山进行考古实习，发现了人类化石。这一消息震惊了全世界，金牛山也因此名扬天下。前面我们看到的那位有"人样儿"的人类祖先就是在这次发掘中重现天日的，被

金牛山遗址出土的动物化石

学术界命名为"金牛山人"。这次发掘还发现了灰堆、碎骨片和丰富的动物化石等。

在发掘金牛山人头骨化石的过程中,还发生了一件特别的事。由于头骨化石长时间埋在地下,有些部位已经和土壤中的一些石头融为一体了,给发掘工作带来了很大的困难。发掘人员想用电锯切割石块,但又担心由此产生的震动会导致头骨破碎。怎么办呢?考古队邀请了一位专家前来帮忙,专家经过仔细观察,谨慎设计

猜你不知道

如何取出"石中石"

在野外发现化石时,化石常常和周围的岩石胶结在一起,人们难以将它直接取出来。有什么解决方法呢?我们可以采用物理手段和化学手段相结合的方法,先使用剔针、毛刷等去除化石周围的岩屑,再使用不会破坏化石的特殊化学试剂溶解去除

方案，花了两天的时间，终于将头骨化石完整地取了出来。这样看来，考古发掘工作真是不容易啊！光发现化石还不够，还得将化石按原样提取出来呢！

化石周围的岩石，以此达到分离化石与岩石的目的。

不过，当遇到化石非常脆弱、与岩石胶结状况十分复杂等高难度的情况时，还得需要更加精细、高超的技术，以及精密的设计方案，以保证化石的完整性。

化石会说话

金牛山人长什么样

要想知道金牛山人长什么样，我们先来看看他们的头骨有什么特点吧。

专家研究头骨化石后发现，金牛山人头骨颅顶比较低矮，额骨后倾，头骨上有明显的矢状脊，牙齿较大，眉脊呈"八"字形走向，两

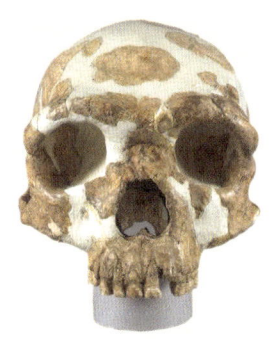

■ 金牛山人头骨化石

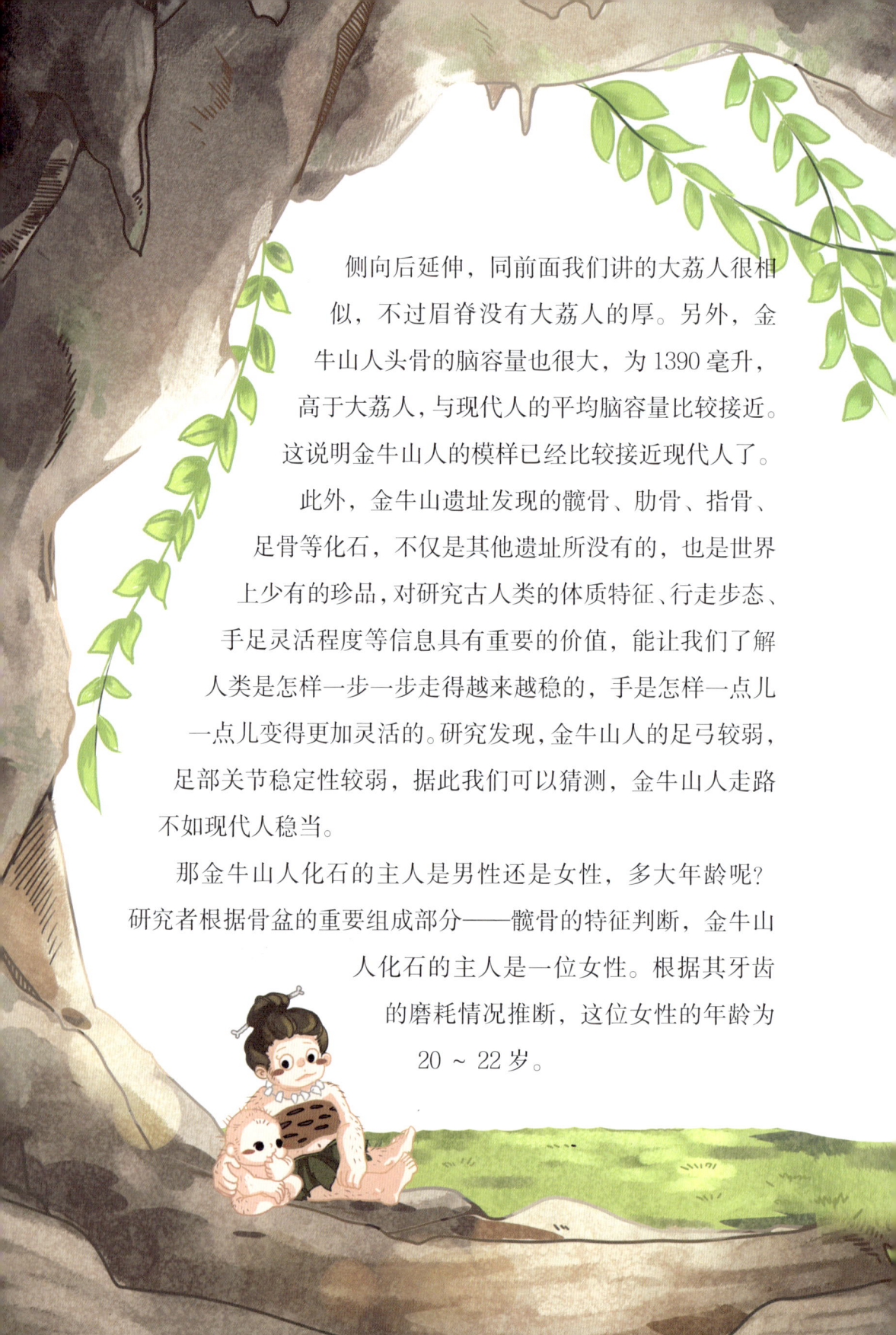

侧向后延伸，同前面我们讲的大荔人很相似，不过眉脊没有大荔人的厚。另外，金牛山人头骨的脑容量也很大，为1390毫升，高于大荔人，与现代人的平均脑容量比较接近。这说明金牛山人的模样已经比较接近现代人了。

此外，金牛山遗址发现的髋骨、肋骨、指骨、足骨等化石，不仅是其他遗址所没有的，也是世界上少有的珍品，对研究古人类的体质特征、行走步态、手足灵活程度等信息具有重要的价值，能让我们了解人类是怎样一步一步走得越来越稳的，手是怎样一点儿一点儿变得更加灵活的。研究发现，金牛山人的足弓较弱，足部关节稳定性较弱，据此我们可以猜测，金牛山人走路不如现代人稳当。

那金牛山人化石的主人是男性还是女性，多大年龄呢？研究者根据骨盆的重要组成部分——髋骨的特征判断，金牛山人化石的主人是一位女性。根据其牙齿的磨耗情况推断，这位女性的年龄为20～22岁。

金牛山人属于什么人

从金牛山人的头骨特征来看，他们既有一些以北京人为代表的直立人的原始特征，也有一些以大荔人为代表的早期智人的特征。其多数特征是趋向进步的，例如脑容量增大、颅骨厚度变薄等。

综合来看，研究者认为金牛山人与直立人的头骨形态明显不同，更接近于大荔人，在分类上属于古老型智人。

金牛山人具体生活在什么年代呢？研究者分析了金牛山遗址的动物群组成，发现与金牛山人一起生活的动物有肿骨大角鹿、梅氏犀、大河狸、剑齿虎、三门马、硕猕猴等。综合各种数据，学界一般认为金牛山人生活在中更新世晚期，年代在距今26万年左右。在这个时期，直立人还生活在中国大陆上，意味着这个时期直立人和古老型智人是并存的。

土石封火

研究者在金牛山遗址还发现了明显的用火痕迹——11个灰堆。有些灰堆看起来比较规整，有的灰堆底部垫有石块，石块与石块之间留有空隙，一些石块被火充分烧过；有的灰堆分布在石圈内。这可能是为了控制火而精心准备的。由此推测，金牛山人已经懂得控制篝火的范围了。他们在生火时，会先用石块垒起一个圆形的石圈，然后将火控制在石圈内。石圈类似于现代乡村厨房中做饭的灶，这样他们就可以在灶内烧烤食物了。而且经证明，灰堆中的石块是起"封火"功能用以保存火种的。他们所使用的这种方法叫"土石封火"。

金牛山人不仅懂得控制火源、保存火种，而且还学会了建造原始的灶，这说明金牛山人的生存技能已经有了较大的提升，不愧为古老型智人。

许家窑人，伤病缠身可怜人

回到远古

在今天的山西省北部与河北省西北部交界处，有一个叫泥河湾盆地的地方。这个盆地可是一个"聚宝盆"，因为它曾经养育了一批古人类和丰富的动植物。泥河湾盆地有一大片波光粼粼的湖泊，湖边生长着莎草、柳树，附近的平原上星星点点地开着十字形和唇形的小花，远处的丘陵和低山上生长着桦树、榆树等，高处的山坡上是云杉、冷杉和松树。在20万~16万

泥河湾盆地

年前，许家窑人就生活在泥河湾盆地，他们过着狩猎、采集的日子，虽然清苦，却也悠然自得。

但日子并非总是诗情画意的，有时也会发生一些让人不愉快的事情。这一天，来了一群不速之客，他们看上了这片气候舒适、食物充足的地方，想要分一杯羹，然而许家窑人并不想将生存资源拱手让与他人,于是冲突就发生了。双方声嘶力竭地发出尖锐的叫喊声,手里拿着各种石器,有远远投掷用于砸向对方的,也有用于近身搏斗的。一场混战之后,入侵者终于被击退了,但许家窑人也付出了代价,许多人都受了伤,头上的鲜血顺着额角流了下来……

化石在哪里

许家窑人曾经为了保卫自己的家园,付出了血的代价,他们应该会一直生活在这里。那么,在今天的泥河湾盆地,我们还能找寻到许家窑人的踪迹吗?答案是:能!因为他们给我们留下了一些骨骼化石,其中包括18件头骨碎片和3颗单个牙齿。这些化石由于太过珍贵,日常不做展出,而是珍藏在中国科学院古脊椎动物与古人类研究所里。

■ 许家窑人头骨化石

许家窑人的头骨化石碎片有顶骨、颞（niè）骨、枕骨、上颌骨和下颌骨等，其中上颌骨的齿槽内还附着已经萌出和未萌出的几颗牙齿。说到这儿，你是不是已经猜出这件上颌骨主人的年龄段啦？对，这件上颌骨是属于一个儿童的，他的牙齿还没长全呢！

专家判断，这些化石材料至少代表十多个不同的男女老幼个体，化石的主人有7岁的儿童、十几岁的少

猜你不知道

头骨的组成

许家窑人头骨化石的名称是不是已经把你说蒙了？其实，它们都是头骨的一部分。头骨又称颅骨，是脊椎动物头部的骨骼。别小看这么一个小小的头骨，它可包括23块不同的骨头呢！颅骨主要分为脑颅骨和面颅骨两部分，脑颅骨一共有8块，分别是成对的顶骨和颞骨，不成对的额骨、蝶骨、枕骨和筛骨；面颅骨一共有15块，分别是成对的上颌骨、颧骨、鼻骨、泪骨、腭骨和下鼻甲骨，不成对的犁骨、下颌骨和舌骨。这么多的名称是不是让你更蒙了？让我们来看一张颅骨的结构图吧，你可以了解部分骨头的位置。以后再听到这些名称，你也能做到心中有数啦！

颅骨侧面结构

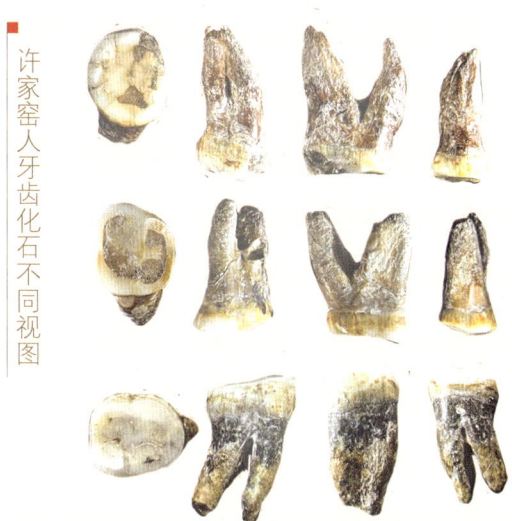

许家窑人牙齿化石不同视图

年、二三十岁的青年,还有年过半百的老年人。许家窑人的平均寿命不太高,大约只有30岁。

根据对许家窑人化石的研究,专家推测:他们总体上介于直立人与现代人之间,属于人类演化过程中的"古老型智人"阶段。

化石的发现

在山西省与河北省的交界处,有两个村庄,一个是许家窑村,位于山西省大同市阳高县古城镇;另一个是侯家窑村,位于河北省张家口市阳原县东井集镇。虽然这两个村庄分属于两个省,但它们其实离得很近。在这两个村庄附近的两叉沟和长形沟都发现了人类化石。许家窑村正好位于发现人类化石的两个地点中间,因此考古学家将人类化石的主人命名为"许家窑人",将发现化石的遗址命名为"许家窑遗址",也叫"许家窑－侯家窑遗址"。

那么考古学家是如何知道这两个地方有化石的呢?这还得从几十年前一次偶然发生的事情说起。

1974年,中国科学院古脊椎动物与古人类研究所的学者在山西省大同市进行旧石器时代考古调查时,在一个药材收购站偶然发现了一件象牙化石,这引起了学者的注意。在当地村民的帮助下,学者找到了象牙化石的出土地点,也就是许家窑遗址。于是,学者对这里展开了考察,发现了一些动物化石和留有人工打击痕迹的石器。这太让大家欢欣鼓舞了!

随后,学者对许家窑遗址进行了正式发掘。在几次发掘中,学者发现了许多人类化石,以及大量的石器、骨器和动物化石。许家窑遗址范围大,出土的化石丰富,为古人类研究和旧石器时代考古提供了宝贵的材料。

许家窑遗址

化石会说话

"大头人"

我们知道,许家窑人的头骨化石在出土时都是碎片,一共有18件。虽然化石比较零碎,但却难不倒古人类学家,他们仍然复原出了许家窑人的头骨。有了复原的头骨,古人类学家就可以对其进行各种研究了。其中有一项数据,让古人类学家很是震惊。

是什么数据呢?那就是许家窑人的脑容量。古人类学家经过测算发现,许家窑人的脑容量竟然高达1700毫升。要知道,现代人的平均脑容量才1400毫升,正常的范围为1100~1700毫升。也就是说,许家窑人的脑容量已经达到了现代人的上限,而同时期古人类的脑容量平均值只有1200毫升。这说明许家窑人的头颅比较大,是妥妥的"大头人"啊!

许家窑人头骨化石碎片

许家窑人头骨复原图

伤病缠身的许家窑人

专家通过对许家窑人化石的研究发现,他们是健康状况堪忧的一群人,有的生病,有的受伤,有的先天畸形。真悲惨啊!

在一件顶骨的后方,有一个直径2厘米左右的异常穿孔。研究显示,这个穿孔是先天发育缺陷形成的巨顶孔。巨顶孔是一种罕见的先天缺陷疾病,在现代人中的出现率非常低。这件化石的主人是迄今为止发现的唯一的更新世古人类巨顶孔病例。研究显示,先天发育异常导致的疾病在更新世中晚期人类中的出现率比较高,研究者猜测,这可能与小群体生存导致的近亲生育有关。

还有一件顶骨上布满了密集的小孔,这可能是缺少某种维生素导致的"骨小孔病"或"筛状外头骨病"。这种病过去在旧石器时代人类中没有发现过,这是第一次发现。

此外,许家窑人的牙齿化石上有明显的黄色小凹坑,研究者推测,他们可能患有"氟牙症"。这应该是他们的生存环境中氟含量过高造成的。

除了这些病症,许家窑人还受过一些外伤,在好几件头骨上都有微小的创伤痕迹。研究者猜测,这可能是当地居民与入侵者发生冲突所致。

这样看来,许家窑人的生存环境不太妙啊!

神奇的"飞石索"

许家窑遗址出土了大量的石器,其中最有代表性的就是石球了,一共发现了1500多个。这么多石球是干吗用的呢?研究发现,这些石球可能是许家窑人制作的狩猎工具——飞石索。在狩猎时,人们会将两个石球分别包裹在两个小皮囊中,然后用皮绳将它们系住,看到猎物时,用手握住一个石球,使劲旋动另一个石球,找准时机将石球投出。皮绳在石球的带动下,就可以将猎物的腿部或颈部缠住了。

研究显示,许家窑遗址出土的大量野马的骨头,都是被砸碎的,显然是许家窑人食用后遗弃的。这说明许家窑人是猎马的能手,而"飞石索"可能就是他们常用的猎马工具。

许家窑石球

夏河丹尼索瓦人，青藏高原我为祖

回到远古

有着"世界屋脊""亚洲水塔""地球第三极"之称的青藏高原，你应该很熟悉了吧。青藏高原是我国重要的生态安全屏障，也是许多大江大河的发源地，比如我们的母亲河长江、黄河，均发源于青藏高原。大约16万年前，青藏高原就已经有人类的踪迹了，一群夏河丹尼索瓦人聚居在青藏高原东北部的白石崖溶洞。

白石崖溶洞附近有小河潺潺流过，犀牛在搜寻可以吃的小草，鬣狗在广阔的原野上游荡。青藏高原上既寒冷又缺氧，但夏河丹尼索瓦人不怕，他们已经适应了这样的特殊环境，不仅能够在高原上正常生活，而且能进行狩猎等剧烈的活动。这天

清早,几个男人走出白石崖溶洞,要出发去狩猎了。他们希望今天有好运气,能够猎到一头大犀牛,而鬣狗这个坏家伙千万不要来捣乱……

化石在哪里

夏河丹尼索瓦人留给我们的礼物，只有一件人类右侧下颌骨化石。这件化石整体呈土黄色，长约12厘米，骨骼粗壮；上面保存有完整的第一臼齿和第二臼齿，臼齿的个头比较大，第三臼齿先天缺失或未萌发，其他牙齿只保留了牙根部分。后来研究发现，第二臼齿有3个齿根。

从这件下颌骨化石我们还可以看出，其主人的下巴颏儿不够明显。你还记得我们讲过的北京人吗？他们也没有突出的下巴颏儿。这是古人类的一个特征，说明这件化石并不属于现代人。

夏河丹尼索瓦人下颌骨化石

> **猜你不知道**
>
> **牙齿的进化**
>
> 在人类演化的历程中，火的使用导致人类对咀嚼能力的要求越来越低，所以牙齿的尺寸呈现越来越小的总体趋势。但是，这并不意味着所有的人类化石都符合这个规律，受外部环境等因素的影响，有时也会有例外。
>
> 白齿有3个齿根的现象在一些现代人中也会出现，夏河丹尼索瓦人下颌骨化石是具备这个特征的已知最古老的化石。这意味着夏河丹尼索瓦人很有可能对现代人有一定的基因贡献。
>
> 第三白齿先天缺失现象，通常被认为是人类进化过程中发生的牙齿退化现象，是人类演化中的进步特征。

化石的发现

在青藏高原东北部的甘肃省甘南藏族自治州，有一个叫夏河县的县城。县城内有一座山，山体是灰白色的石灰岩，当地人称之为白石崖。在山脚处有一个溶洞，称为白石崖溶洞。

在20世纪80年代,有一位僧侣在这个溶洞中修行时,偶然捡到了一块奇特的骨头,上面有两颗牙齿,拿在手里像石头一样沉甸甸的。这块骨头就是夏河丹尼索瓦人的右侧下颌骨化石。这件化石几经辗转,才被送到了古人类学家的手中。2010年,古人类学家开始展开正式的研究工作。2018年,考古团队对白石崖溶洞遗址进行了首次考古发掘,发现了丰富的旧石器时代文化遗存,包括打制石器和动物骨骼化石等。

■ 白石崖溶洞外貌

化石会说话

丹尼索瓦人

2008年,在西伯利亚阿尔泰山地区的丹尼索瓦洞,考古工作者发掘出土了一小截人类指骨化石,后续又发现了牙齿化石。研究者从化石中提取了古DNA(脱氧核糖核酸),发现其与现代人和一些古人类都有很大差异,认为其代表一种新的人类,于是将其命名为丹尼索瓦人。

夏河丹尼索瓦人的下颌骨化石形态复杂,既有第三臼齿缺失等进步特征,又有下颌骨和牙齿硕大的古老特征,单纯依靠有限的体质特征很难将其归入已知的化石人群中,所以研究者对其进行了分子生物学研究。研究者通过古蛋白质分析研究发现,这件化石与此前发现的丹尼索瓦人亲缘关系最近,推测为青藏高原的丹尼索瓦人,于是将其命名为夏河丹尼索瓦人,简称夏河人。

夏河人化石是除丹尼索瓦洞出土的化石以外发现的首例丹尼索瓦人化石,也是目前已知体质形态信息最丰富的一件丹尼索瓦人化石。这是目前发

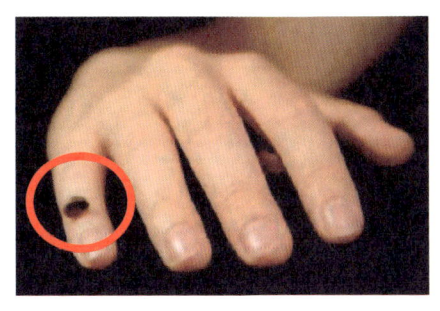

丹尼索瓦洞出土的指骨化石

> **猜你不知道**
>
> **会"说话"的蛋白质**
>
> DNA 你肯定听说过吧？它是人类重要的遗传物质，我们通过 DNA 信息可以了解一个人的秘密。在古人类研究中，DNA 同样重要。研究者可以通过对古 DNA 进行测序以及与其他 DNA 进行对比，推测古人类演化历程。
>
> 而夏河人的下颌骨化石可能由于年代太久，其 DNA 已经高度降解了，研究者没有提取到，但他们成功提取到了蛋白质。蛋白质中也会蕴含演化的一些信息，而且比 DNA 更稳定，保存的时间更长。研究者在夏河人下颌骨化石中发现了丹尼索瓦人的蛋白质，揭示出其真实身份。

现的青藏高原最早的人类活动证据，将青藏高原最早人类活动的历史记录从距今 4 万年提前至距今 16 万年。以前人们认为，只有现代人才具备适应高寒缺氧环境的能力。夏河人化石的发现打破了这个认知，证实了十几万年前的古人类已经可以定居高原了。

丹尼索瓦人长什么样

目前丹尼索瓦人化石总共就发现了几件，包括一小截指骨化石、几颗牙齿化石和一件下颌骨化石。尽管如此，科学家们却完成了一项看似不可能完成的任务——利用遗传信息重建了丹尼索瓦人的相貌。

她是一个十几岁的女

孩，身材瘦小，脸有点儿宽，嘴有点儿突出，额头低平，没有明显的下巴颏儿，眼睛、头发和皮肤都是棕色的。

丹尼索瓦人少女面貌

沉积物中的秘密

夏河人的下颌骨化石虽然没有给我们留下 DNA，但研究者在白石崖溶洞沉积物中发现了夏河人的线粒体（一种细胞器，里面有 DNA）DNA，年代可以追溯至 10 万 ~ 6 万年前。这是研究者首次在丹尼索瓦洞以外的地点成功提取到丹尼索瓦人的 DNA，也是在中国考古遗址沉积物中提取古人类DNA的第一个成功案例。

研究者还在沉积物中提取到了动物的DNA，包括犀牛、鬣狗等，与在白石崖溶洞遗址发现的动物骨骼化石中的DNA相一致。

让人又爱又恨的基因

丹尼索瓦人被发现和研究之后，研究者推测其可能广泛分布于东亚，夏河人的发现验证了这一推测。

丹尼索瓦人对现代大洋洲、东亚、东南亚和美洲人群都有一定的基因贡献。但无论哪种古人类，其基因传到现在，可能在多个方面都对现代人造成了一些影响。有些影响是负面的，例如一些基因可能使现代人更容易患糖尿病、肝硬化、红斑狼疮等疾病；也有些影响是正面的，例如一些适应高海拔寒冷、缺氧环境的现代人基因很有可能就来源于丹尼索瓦人。

龙人，智人的好"闺蜜"

回到远古

大约14.6万年前，今天的黑龙江省哈尔滨市一带，松花江从这里流过。这一段江道平缓，从上游带下来的泥沙慢慢沉积，形成了一片沉积平原。随后，这片土地慢慢被青草绿树覆盖，花果飘香，鸟兽徜徉，呈现出一派生机盎然的景象。这么美丽的地方，当然会被古人类看上。果不其然，这里生活着一群古老的人类，今天的科学家给他们起了个名字叫"龙人"。

龙人有着硕大的脑袋、健壮的体格和聪明的头脑。他们和智人一样，过着采集、渔猎的生活，

他们的日子也是既充实又忙碌的。看！一群男人正在围捕一只鹿，几个女人带着孩子在采集树上的果子和地上的野菜，还有一群人在溪流中抓鱼。今晚他们一定能美美地吃上一顿大餐！

化石在哪里

在河北地质大学地球科学博物馆，珍藏着一件非常精美的古人类头骨化石，这就是龙人头骨化石。这件头骨化石粗壮硕大，除了下颌骨缺失外，其余部分惊人地完整，甚至连眼眶内部、鼻甲骨、颅骨底部等脆弱易损的精细结构都保存了下来。这在古人类头骨化石中是极为罕见的。龙人头骨化石是世界上保存最完整的古人类头骨化石之一。

▎龙人头骨化石正面及侧面

让我们一起来看看这件头骨化石吧！它的眉脊非常粗壮，脑壳低矮，不像现代人的一样高高隆起成球形。这些都是典型的原始特征。同时，它面部的骨骼扁平而低矮，嘴部向后缩，而不是像更古老的人类或灵长类动物那样向前突出。这些都是进步的特征。这说明，龙人呈现出原始特征与进步特征镶嵌进化的特点。另外，它的脑容量约为1420毫升，在现代人的脑容量范围内，研究者据此推测龙人可能有较高的智力水平。

研究者判断，头骨的主人是一名男性，年龄大约为50岁。研究者对龙人的样貌

▎龙人复原图

117

进行了复原，从复原图我们可以看出，龙人的身材非常强壮，浑身都是肌肉。在没有健身房的时代，龙人的这身肌肉想必是在与野兽的搏斗中练就的。

化石的发现

2017年8月，河北地质大学的一位教授在广西桂林参观瓦窑奇石市场时，看到一位农民正在出售一些玉石。攀谈之中，这位农民说，他家有一件珍藏了几十年的祖传人头骨化石，有意捐赠给一家国有博物馆收藏。经协商，这件人头骨化石在2018年5月被捐赠给了河北地质大学，并被收藏于该校

> **猜你不知道**
>
> **什么是镶嵌进化**
>
> 镶嵌进化是指生物体在进化过程中，各个部分进化速度不一致的现象，表现是一些原始特征与进步特征会在一个生物体上共存。镶嵌进化是由生物体在身体构造、机能等方面发展演化不平衡引起的，在古生物界比较常见。

的地球科学博物馆。

那这件祖传的人头骨化石最早是怎么得来的呢？故事发生在20世纪30年代，当时哈尔滨被日本占领，这位农民的爷爷被征为劳工参与修建松花江上的东江桥，因为识字，他被指派负责看管其他的劳工。1933年4月的一天，一名劳工在建桥时挖到了一颗"人头"，就交给了这位农民的爷爷。这位老人听说过北京发现古人类头骨化石的事情，所以推测眼下发现的这颗"人头"也是个宝贝。

他没有将这件事告诉日本人，而是偷偷地把这颗"人头"带回家，将其包裹好后丢进了院里的水井中，并连夜用土将水井填埋了起来。老人临终前才把这件事告诉了儿孙。遗憾的是，老人并没有说出发现那颗"人头"的准确地点。

化石会说话

横空出世的龙人

被隐藏80多年的"人头"横空出世后，研究者将其命名为"龙人"，认为他代表人属的一个新人种。

研究者为什么将其命名为龙人，你猜到了吗？因为龙人头骨化石的出土地在黑龙江省，取其中的"龙"字，所以叫他"龙人"。龙人的名字还有一层意思，就是希望大家一看到这个名称就知道是中国的化石，简明易懂。

龙人的故乡

龙人的化石是在广西出现的，而且已经出土那么久了，那龙人的故乡到底在哪里呢？是不是像化石捐赠人所说，龙人的故乡在黑龙江省哈尔滨市呢？根据化石捐赠人提供的线索，研究者实地考察了哈尔滨市东江桥地区，并进行了一系列的地球化学分析。他们将龙人头骨化石与哈尔滨地区发现的哺乳动物化石以及在东江桥附近钻探取得的岩芯样本进行了对比，经过对各种数据的分析后，证实了龙人确实是在哈尔滨地区土生土长的，而非来自别处。

> **猜你不知道**
>
> **什么是地球化学**
>
> 地球化学是研究地球及有关天体的化学组成、化学作用和化学演化的科学，例如元素及其同位素的组成、分布和变化规律等，它是地质学与化学、物理学等学科相结合而产生和发展起来的交叉学科。

龙人最近的亲戚

为了确定龙人在人类演化谱系中的位置，研究者用100多种古人类的数据建立了一个庞大的数据库，每一种古人类都包含600多个特征。这么庞大的数据需要多达3万亿次的计算，才能确定龙人跟哪些已有的人类种群更接近。这是科学家首次把人属中几乎所有的主要分支放在一起进行分析。

结果发现，龙人和过去发现的大荔人、金牛山人、华龙洞人、夏河丹尼索瓦人等古人类构成了东亚地区特有的一个新的演化支系。这一支系与智人是姊妹群的关系，也就是说龙人和智人有一个最近的共同祖先。过去人们普遍认为，已经灭绝的尼安德特人是智人最近的亲戚。但龙人的研究成果告诉我们，龙人与智人的亲缘关系比尼安德特人与智人的还要近。这是一项颠覆性的研究成果。

猜你不知道

尼安德特人是什么人

尼安德特人的化石在1856年被发现于德国尼安德特河谷附近的一个山洞中，并因此而得名。尼安德特人在大约35万年前进化而来，在欧洲生活了很长时间，在大约3万年前灭绝。他们个子不高、体格健壮、肌肉发达，能够在冰天雪地的寒冷环境中生存。

每物一"萌"

石球

奇妙的石球

我们在前面提到了一件许家窑遗址出土的代表性石器——许家窑石球,那里一共出土了1500多个石球,其中最大的有1.5千克,直径超过10厘米;最小的重量不足100克,直径不足5厘米。这些石球有的被制作得滚圆,有的似乎还是半成品,它们的大小、形状让我们仿佛看到了古人类制作石球的过程,考古学家还通过实验模拟了这个过程呢。

在旧石器时代,人们制作一个石球需要花费很多时间,如果想把石球制作得滚圆,那需要的时间就更多了。那么,古人类为什么要制作石球?他们用石球来做什么呢?

研究者们猜测,石球主要有以下几种用途:一是石球有可能作为制作石器所需要的石锤来使

石球的制作过程

用；二是石球可以用来砸开坚果；三是石球可以当作投掷武器或者做成"飞石索"用于狩猎；四是石球可能是一种原始的体育、游戏用具，有可能是现代球类运动的鼻祖。我们现在有"铅球"这个运动项目，你可以想象一下古人类投掷石球的风姿哟！

不过，也有人提出，古人类不一定是出于某种实际用途才制作石球的，对日月的崇拜、对果实的崇拜等，都有可能成为他们制作石球的动力。

第三章

旧石器时代的早期现代人

河套人，东西交流第一人

回到远古

黄河是中华民族的母亲河。它在流经甘肃、宁夏、内蒙古、陕西、山西5个省及自治区的时候，形成了一个"几"字形的地带，称为"几字弯"。"几"字弯内有一个叫河套的地方，这里历来以水草丰美著称，不仅孕育了华夏文明，甚至在14万～7万年前就已经成为人们幸福的家园了。

当时，河套地区有山有草原，山上是郁郁葱葱

的树木，那是老虎和野猪的乐园；山脚下是大片的草原，马、驴、羊在悠闲地吃草。河套人就生活在这里。他们心灵手巧，能够打制出精美的小型石器。

生活不仅有眼前的马和羊，还有魅力四射的远方。一些头脑灵活的河套人，带着他们娴熟的打制石器的手艺，勇敢地踏上了征途。就这样，他们向西出发了，去开拓新的住所。

化石在哪里

在内蒙古博物院"远古世界——内蒙古地区的远古生物及其生态环境陈列"中，有一排展柜专门展示河套人的化石，包括额骨、顶骨、下颌骨、肩胛（jiǎ）骨、胸椎、肢骨等。别小看这一件件零散的骨头化石，它们可是中国古人类领域不容忽视的"元老级"化石。

河套人的化石不止这些，迄今为止一

共发现了25件河套人化石,其中有17件收藏在内蒙古博物院,其余8件分别保存在天津自然博物馆、中国科学院古脊椎动物与古人类研究所等单位。

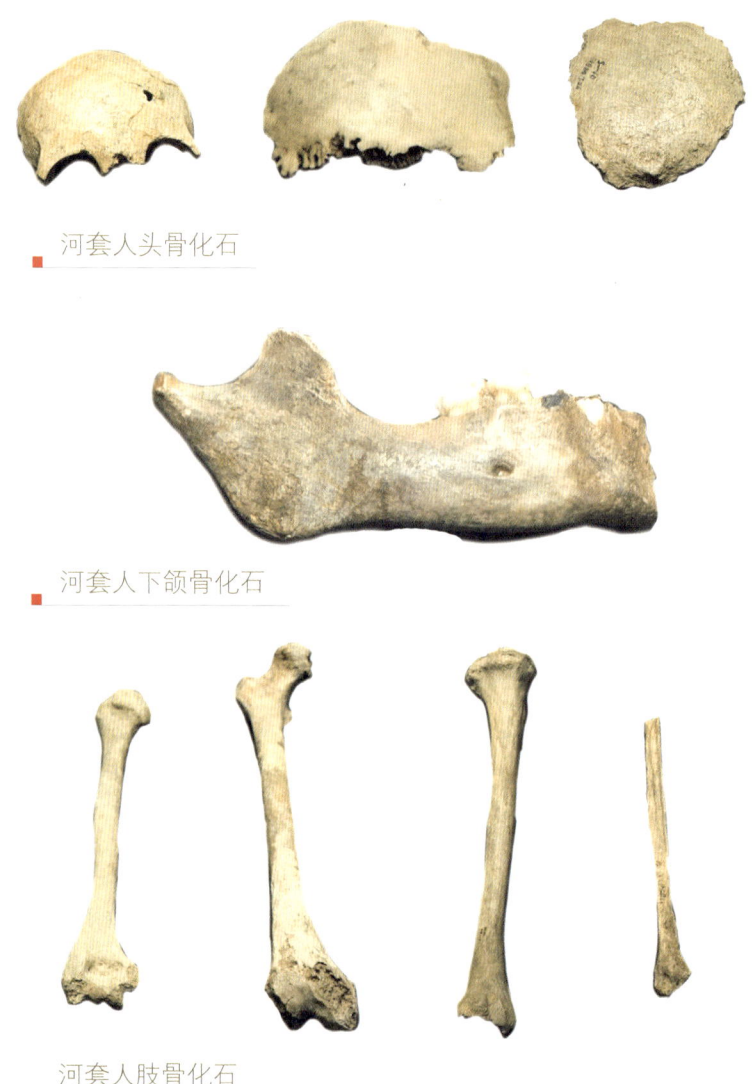

河套人头骨化石

河套人下颌骨化石

河套人肢骨化石

化石的发现

20世纪20年代以前,亚洲地区还没有发现确切的古人类踪迹。至于究竟有没有旧石器时代的早期古人类,这在当时还是个未知数,有些人甚至曾说"中国无旧石器文化"。

1922年,法国古生物学家桑志华来到位于今内蒙古自治区鄂尔多斯市乌审旗境内的萨拉乌苏河流域考察。萨拉乌苏在蒙古语里是"黄水"的意思。萨拉乌苏河在黄河支流无定河的上游,据说过去萨拉乌苏河的两岸长满了红柳,所以它又叫红柳河。

萨拉乌苏河

桑志华在当地牧民的引领下，发现了许多哺乳动物化石、人工打制石器和3件人类肢骨化石。后来，古生物学家德日进在实验室整理过程中又发现了一颗人牙。专家对这颗人牙进行了研究鉴定，发现其石化程度很高，确认其为一个人类孩童的左上外侧门齿，并称之为鄂尔多斯牙齿，代表了一种古人类。因为其发现地在河套地区，故专家将其命名为"河套人"，也叫"鄂尔多斯人"。从此，萨拉乌苏地区因发现河套人化石而闻名于世，引起了中外古生物学界的广泛关注。

这是在中国境内发现的第一件有准确出土地点的人类化石，也是第一批有可靠地层学、年代学依据的旧石器时代古人类遗存，以无可辩驳的事实推翻了"中国无旧石器文化"的谬论，正式拉开了中国乃至亚洲古人类学、旧

> **猜你不知道**
>
> **古人类学家的火眼金睛**
>
> 有许多古人类化石是在河谷或峡谷中发现的，因为河流强烈的侵蚀作用会为古人类学家寻找其中埋藏的化石和古人类遗迹提供便利。古人类学家根据所掌握的地理位置和地质资料，结合现场地层的出露情况，就能够做出这里是否有化石的初步判断。如果有，他们就会

石器时代考古学研究的帷幕。

萨拉乌苏遗址被发现后,考古工作者就对这里进行了考察发掘。前后进行了100年的科考活动,让萨拉乌苏遗址从默默无闻到被人熟知。

> 进一步勘察。当然,这不是一件容易的事情,需要付出艰苦的努力,同时还要加上一定的好运气,才会有收获。

河套人遗址

1956年,汪宇平成为中国首位到萨拉乌苏地区进行考察的学者。他坐着木轮车,赶着小毛驴,整整走了13天才到达目的地。在六七十米深的河沟里,他一天之内上下多次,累得浑身冒汗。苍天不负有心人,幸运之神降临了——在当地人的指引下，他发现了许多打制石器以及被火烧焦的黑色骨片，还成功找到一件人类顶骨化石和一件股骨化石。

经专家研究鉴定，这两件化石显现的特征比北京人和尼安德特人进步，但不及现代人，专家将其确定为早期现代人。这是我国学者在萨拉乌苏遗址的首次重要收获。

随后，我国更多的学者加入了萨拉乌苏遗址的考察挖掘工作。到目前为止，除了人类化石之外，萨拉乌苏遗址还发现了丰富的石器、骨器、用火遗迹，还有大量的哺乳动物化石以及鸟类化石等。

化石会说话

萨拉乌苏动物群

在萨拉乌苏遗址曾经生活过的大量动物，被学术界命名为萨拉乌苏动物群。这是我国华北地区晚更新世的代表性动物群，与早更新世的泥河湾动物群、中更新世的周口店动物群，共同构成华北地区更新世三大代表性动物群。

萨拉乌苏动物群中的动物数量众多、种类丰富，目前已鉴定出47种，其中哺乳动物35种、鸟类12种，包括披毛犀、野驴、河套大角鹿、王氏水牛、原始牛、普氏野马、普氏羚羊、诺氏象、鸵鸟等。有意思的是，这些动物分别生活在不同的气候环境中，既有生活在相对干燥的森林和草原环境中的河套大角鹿、野猪、普氏羚羊等，又有依赖于温湿环境的王氏水牛、诺氏象等；既有适应干旱环境的骆驼、鸵鸟等，又有耐寒冷的披毛犀等。这是为什么呢？

这说明，要么在萨拉乌苏区域内有着不同的生态小环境，

我该选择哪位朋友做邻居呢？

要么在不同的历史时期频繁出现冷暖干湿环境的变换交替。所以，萨拉乌苏动物群对研究更新世的古地理、古气候、古生物等具有重要的价值。

东西交流正当时

有研究表明，萨拉乌苏遗址不仅年代相当于欧洲旧石器时代中期向晚期的过渡时期，而且从石器的形状及其打制技术等方面反映出的文化特征，也与欧洲相同。萨拉乌苏遗址出土的石器以小石器为主，做工精细，包括刮削器、尖状器、雕刻器等。

萨拉乌苏遗址的这方面特征备受学术界关注。我国是世界文明古国，全国各地的历史文化遗迹不胜枚举，而萨拉乌苏遗址是中国甚至东亚地区发现的为数极少的、可与西方旧石器时代考古学文化进行直接类比的遗址，这表明萨拉乌苏遗址存在东西方文化交流的现象。大家想象一下，早在十几万年前，东西方文化就已经开始交流了，这是多么激动人心的场景！

那东西方文化的交流是"西来"还是"东去"呢？目前虽然还没有确凿的证据，但"西来"和"东去"都是有可能的。

丁村人，打制石器我在行

回到远古

明媚的阳光洒在静静流淌的汾河水面上，似乎在和两岸树木影影绰绰的倒影一起玩耍。汾河旁边是一个引人注目的小村庄，这里有保存完好的几十座明清时期的院落，呈现出一派壮丽唯美的景色。这个小村庄就是山西省临汾市襄汾县新城镇的丁村。

丁村不仅是现代人生活的乐土，十几万年前，也是古人类——丁村人的家园。那时的丁村人生活的汾河两岸，气候比现在还要温暖一些，雨水充足，草木茂盛。羚羊、原始牛在草地上吃草，水

丁村

牛、河狸在水里畅游，岸边一群丁村人正在打制石器。他们主要采用直接打击的方法，左手拿着大石核，右手拿着石锤，用石锤一下一下地敲击着大石核，一件又一件的石片不断剥落，叮叮当当的敲击声此起彼伏，好不热闹！

化石在哪里

丁村人给我们留下了哪些人类化石呢？目前一共发现了3颗牙齿化石和1件顶骨化石。3颗牙齿化石分别是右上颌内侧门齿、右上颌外侧门齿和右下颌第二臼齿。它们的色泽一致，磨耗程度接近。其中2颗门齿化石为铲形，也就是铲形门齿。你还记得吗？我们前面介绍过的北京人的牙齿也属于铲形门齿。不过，丁村人铲形门齿的齿根和齿冠较北京人的要细小一些。臼齿咀嚼面上的纹路，看起来比北京人的要简单一些，但比我们现代人的复杂。专家通过它们的大小、形状、颜色、磨耗程度等推测，它们来自同一个体，应该是一个十二三岁的少年。顶骨化石的主人则是一个幼儿。这些人类化石都没有展出，而是珍藏在山西博物院。

丁村人牙齿化石

化石的发现

1953年5月,一些工人在丁村以南的汾河东岸挖沙时,发现了一些巨大的脊椎动物化石。山西省文物管理委员会接到报告后,派王择义前去调查。王择义采集到了一些脊椎动物化石。同时他还发现沙砾中有一些破碎的石片和石球,和其他天然砾石有着明显的区别,不像是天然形成的,就收集了一堆带了回去。

当年冬天,中国科学院古脊椎动物研究室(今中国科学院古脊椎动物与古人类研究所)的周明镇来山西省调查脊椎动物化石的情况,他见到了那些石头,认为上面有人工打制过的痕迹,于是就将它们带回北京,做进一步的研究。经过研究鉴定,那些石头真的是人工打制过的石器。多位专家一致认为,丁村

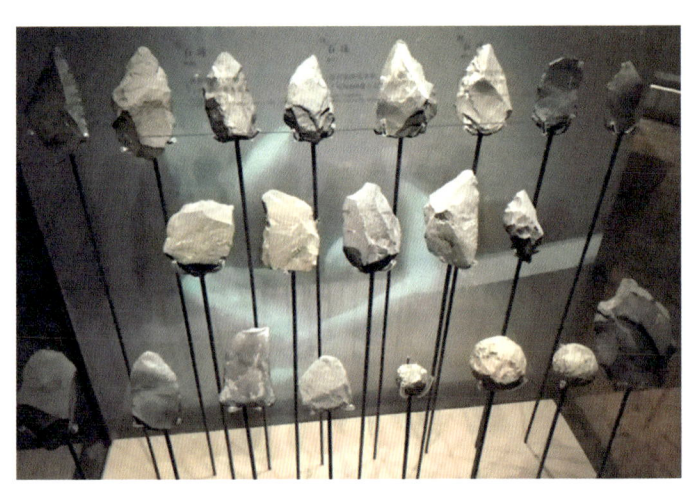

丁村人用的石器

值得发掘，并决定将丁村的发掘工作作为1954年的重点工作之一。就这样，丁村史前考古的大门由此打开了，丁村成为第一个由中国人发掘和研究的旧石器遗址（之前的周口店遗址、萨拉乌苏遗址等都是由国外学者发现的）。

1954年，考古工作者开始正式发掘丁村遗址。丁村遗址不是单独的一个地点，而是一个壮观的遗址群。考古工作者前前后后一共发现了14个化石地点，其中有11个化石地点不但发现了哺乳动物化石，还发现了人工制品。丁村遗址中最主要的文化遗存是旧石器，一共发现了2000余件，此外还有28种哺乳动物化石和3颗人类牙齿化石。1976年，由于

丁村遗址

特大洪水对丁村人化石产地造成了严重威胁，考古工作者又开展了抢救性发掘，发现了一件幼儿顶骨化石和一批动物化石及石制品。

丁村遗址的发现填补了中国旧石器时代中期人类化石和文化的缺环，是中国旧石器时代中期文化的代表。

化石会说话

进步的丁村人

我们在前面已经了解到，丁村人的牙齿和北京人（属于晚期直立人）的相比，尺寸较小，但与现代人牙齿的尺寸接近。此外，丁村遗址发现的那件幼儿顶骨化石的骨壁，与北京人的相比，更薄一些。丁村遗址出土的石器，在技术上与北京人的石器相比有显著的提高，加工更加精细。各种证据都表明，丁村人比北京人更进步，他们介于北京人与现代人之间，属于早期智人。

与丁村人化石一同出土的动物化石有狼、貉、狐、河狸、方氏田鼠、短尾兔、野驴、野马、羚羊、披毛犀、梅氏犀、赤鹿、原始牛、德永氏象等。根据动物群的组成，丁村人生活的时代被认定为更新世晚期，距今11.4万～7.5万年。

丰富多彩的石器

丁村遗址出土了丰富的石器,有研究者将其分为三大类。

其中一类是有刃类工具,例如大石片、大尖状器、斧状器、刮削器等,主要是用角页岩打制的。丁村地区有丰富的角页岩石料。角页岩是一种灰黑色的变质岩,质地坚硬而均匀,适合打制大型有刃的石器。

在中国古动物馆人类演化馆的石器展柜里,有一个尖状的大石器非常抓人眼球,它的长度比一个成年人的手掌还要长,样子呈三棱锥状,主体颜色为黑色,同时伴有一些灰白色斑块。

丁村大三棱尖状器

这就是赫赫有名的丁村大三棱尖状器，是丁村遗址的代表性器物。它既可以用来挖掘东西，又可以用来砍砸东西。

另一类是石球。还记得我们在介绍许家窑人时讲到的石球吗？其实，石球最开始是在丁村遗址中发现的。如今在华北地区的许多遗址中都能见到石球，说明它是一种古人类普遍使用的石器。打制石球所用的石料不同于有刃类工具的石料，石球是用质地较软的石灰岩、闪长岩打制的。这说明丁村人对石材的特性有了一定的认识，能够根据制作石器的需要来选择合适的石料了。

还有一类是以燧石等精细原料打制的细石叶技术类工具。这种工具所使用的技术就比较进步了，是旧石器时代晚期才出现的。这类工具在丁村遗址中出现得不多，只在一个地点发现过。不过，它证实了古人类在丁村生活了相当长的时间，跨越了不同的发展阶段。

丁村人的未解之谜

丁村遗址的考古工作并未停止，而是一直在进行且不断有新的发现。在2014年之前发现了30多处旧石器时代的石器地点，证明了丁村人的生活足迹遍及汾河两岸，时间上则跨越了不同的地质阶段，从二三十万年前到两万年前左右，说明在这期间丁村人一直在此繁衍生息。

2014年以来，研究者又做了丁村遗址群60年来最大规模的系统性考古调查。原来的调查范围只在汾河岸边的河流堆积，现在扩大到了附近的土状堆积，新发现旧石器和化石地点80多处。考古工作者在对其中3处地点的发掘中，发现了人工建筑遗迹、用火遗迹、石器打制营地等重要遗存，这成为丁村遗址群考古工作的重大突破，为丁村遗址群的研究提供了更丰富的材料。

丁村遗址是一个活力十足的旧石器时代遗址群，还有许多未解之谜等待我们去探寻，说不定哪天就会有新的古人类化石被发现。让我们共同期待吧！

猜你不知道

什么是堆积

在谈及古人类研究、考古发掘等内容时，我们常常会听到"堆积"这个词。你知道什么是堆积吗？当水、风等流体的速度减慢时，它们所裹挟的沙石、泥土等就会沉淀堆积起来，从而形成河流堆积、湖泊堆积、黄土堆积等。生物在生命活动中产生的物质也会形成堆积，例如周口店遗址中北京人生活留下的洞穴堆积。

柳江人，不幸卷入洪流中

回到远古

大约 6.7 万年前，现在的广西壮族自治区柳州市柳江区一带，气候温暖，草木茂盛。这里生活着许多动物，有牛、鹿、大熊猫、豪猪、中国犀等，还有一群原始人——柳江人。他们的生活各有分工，女人负责采集果实、照看孩子，男人则负责出去打猎。

这一天，几个男人像往常一样出去打猎，但可能是近来连降大雨的缘故，今天运气不佳，半天都没有见到鹿、牛等常见的猎物。为了不让大家饿肚子，他们决定往远处走一走，不知不觉走到了一个山谷中。此时他们已经疲惫不堪，又累又饿。突然，大山深处传来轰隆隆的震天巨响，几个人面面相觑，都露出了惊恐的表情。原来是泥石流来了！他们还没来得及反应，泥石流就已经喷涌而至了。

这几个柳江人在泥石流面前犹如蝼蚁般渺小，瞬间就消失了。泥石流裹挟着他们，以及许多同样运气不佳的动物，横冲直撞地奔涌向前。最后，他们有的掉落在旷野中，有的掉入了大河里，还有的被泥石流冲进了附近的山洞中……

化石在哪里

在中国古动物馆的人类演化馆，展出了一个相当完整精美的头骨模型，这就是柳江

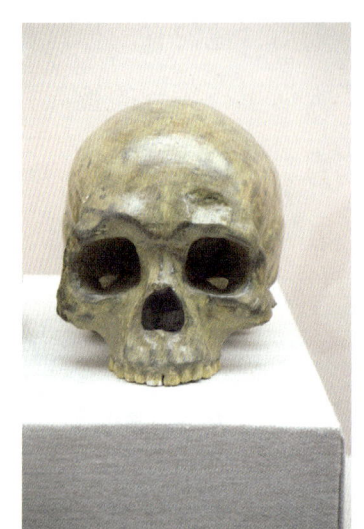

柳江人头骨模型

人头骨模型。柳江人头骨化石原件珍藏在中国科学院古脊椎动物与古人类研究所。

柳江人头骨化石是迄今为止在我国南方发现的保存最为完整的早期现代人化石。这是一个基本完整的头骨，只有两侧的颧弓部分断裂，下颌骨缺失。另外，头骨化石的左上门牙缺了一颗。不过在头骨模型上，这颗缺失的门牙被复原了，所以模型的上排牙齿是完整的。

我们可以看到，柳江人的眉脊几乎是平的，和北京人、大荔人等的粗壮眉脊有着明显的区别；额头也不像北京人的那样低平后倾了，而是明显向上隆起，和现代人的很像。从柳江人的复原雕像来看，柳江人和咱们现代人的确没有太大的差异。

柳江人复原像

化石的发现

1958年9月24日,在柳州专区柳江县(今柳州市柳江区)通天岩附近的一个岩洞里,新兴农场的工人正在挖岩泥做肥料,突然挖到了一个人头骨。农场的场长赶紧将此事上报,中国科学院古脊椎动物研究所(今中国科学院古脊椎动物与古人类研究所)收到消息后立刻派人去进行了调查。这就是著名的柳江人头骨化石的发现经过,发现化石的岩洞后来被叫作"柳江人洞"。

专业人员经过对此地的发掘,又收集到一些人类化石,包括4件胸椎,5件腰椎及骶骨、右侧髋骨、左右侧股骨各1段;同时还发现了许多哺乳动物的化石,有近乎完整的大熊猫骨架,完整的豪猪头

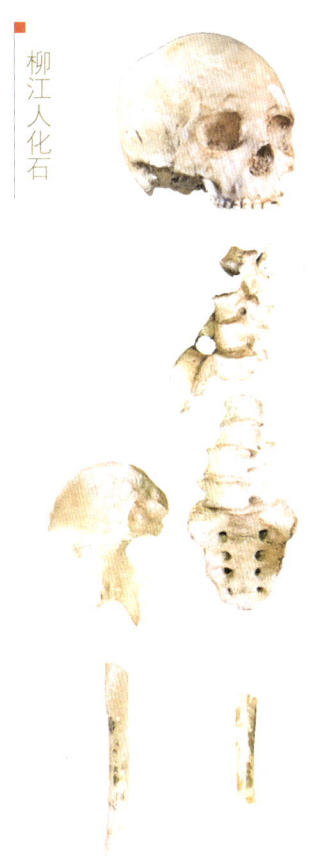

柳江人化石

一百万年古人类

147

骨，还有中国犀、东方剑齿象、巨貘、熊、牛、鹿、獾、水獭、竹鼠、猕猴、果子狸等动物的骨骼化石。但洞内没有发现石器或其他工具。

> **猜你不知道**
>
> **重要的化石原始位置**
>
> 　　由于柳江人头骨化石是工人们意外挖到的，而不是由专业人员发掘而得，所以柳江人头骨化石确切的地层位置及其与其他动物化石的位置关系都无法确定，导致后续的研究工作受到了一定影响，有些研究结果至今可能还存在争议。所以呢，如果有一天你幸运地遇到了化石，不要忙不迭地把它挖出来，要先记录下化石的位置信息，然后将信息报告给有关部门，让专业人员来进行挖掘。这是至关重要的！

化石会说话

化石的主人

　　目前发现的柳江人化石数量不少，那么这些化石都来自同一个体吗？据研究者判断，这些化石的主人是不同的个体，其中股骨化石的主人为一个个体，其余化石的主人为另一个个体。

研究者发现，柳江人头骨化石的主要骨缝已经愈合，牙齿的磨耗程度中等，由此判断他的年龄应该在40岁左右。研究者还根据头骨、骶骨和髋骨等的形态特征，判断这些化石的主人应该是一名男性。研究者根据股骨的特征，判断另一件化石的主人是一名女性，同时计算出她的身高为152厘米，体型比较纤细。

柳江人住在"柳江人洞"吗

我们知道，发现柳江人化石的地方叫"柳江人洞"，那这里是柳江人的家吗？如果柳江人住在这里的话，他们应该就会

柳江人生活复原场景

留下在这里生活过的痕迹。可是，研究者在洞内并没有发现柳江人生活的遗迹。而且这个岩洞洞口低矮狭小，洞内阴暗潮湿，进洞不远就漆黑一片，实在不是一个适宜古人类居住的洞穴。所以，"柳江人洞"应该不是柳江人的住所。

那"柳江人洞"是柳江人的墓穴吗？柳江人头骨化石是在没有胶结的角砾堆积中发现的，这并不符合有意埋葬的特点，所以化石的主人应该也不是被故意埋葬到这里的。

另外，洞穴里的堆积物显示，这里的气候曾经在湿润多雨与相对干燥之间频繁转换，还有泥石流的反复入侵。因此有研究者猜测，柳江人很有可能是被泥石流裹挟着冲进这个洞穴的。

柳江人是什么年代的人

柳江人生活在什么年代呢？由于柳江人化石确切的地层位置等信息无法确定，所以柳江人生活的具体年代存在一些争议。

目前，不同的研究者采用不同的方法测定了柳江人生活的年代，一种结果是距今4万年，一种结果是距今6.7万年，还有一种结果是距今13.9万~11.1万年。目前大多数学者采用距今6.7万年作为柳江人生活的年代。

柳江人在人类演化中的地位

研究者根据柳江人头骨的形态特征判断,柳江人在人类演化中属于早期智人,比北京人、大荔人等更进步一些。研究者对柳江人等位于中国更新世晚期的古人类头骨化石以及1114例现代中国人头骨进行了对比分析,同时也对比了柳江人和现代人的骨盆形态特征,结果都显示柳江人与现代中国人非常相似,柳江人应该不属于较早的时代。

研究者还对柳江人头骨化石进行了扫描及三维重建,并将其与其他古人类头骨化石以及现代人头骨进行了对比分析,发现柳江人脑的多数特征与现代人相似,同时还保留少数古人类的特征,脑的发育程度与更新世晚期的人类最接近。目前在中国古动物馆的展陈中,柳江人被列入"早期现代人"。

山顶洞人，畅享高品质生活

回到远古

在遥远的史前时代，位于今北京市房山区周口店地区的龙骨山真是热闹非凡，各路祖先来了又走、走了又来，对这块风水宝地可谓流连难舍。大约1.8万年前，山顶洞人占据了这里，他们住在龙骨山顶上的山洞里。

山顶洞人过着和其他古人类相似的日子，他们以渔猎和采集为生，尤其擅长抓兔子，有时还能抓到大鱼，小日子过得有滋有味的。既然不愁吃喝，那他们总该琢磨着干点儿别的什么，比如给自己缝个皮裙遮遮羞，再穿个项链、手链美美地嘚瑟一下。

然而，再好的日子也抵挡不了死亡的来临，每个人终有一天都要离开这个世界。面对死亡，山顶洞人不再像更古老的祖先那样将死去的亲人随意弃尸荒野，而是把他们葬在山洞内，

给他们戴上生前喜欢的用兽牙和小石珠穿成的项链,再往他们的身体上撒一些红色粉末(赤铁矿粉),以此寄托内心那说不清道不明的情感……

一百万年古人类

153

化石在哪里

山顶洞人复原像

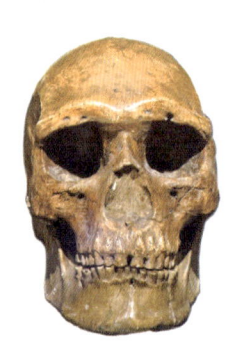

山顶洞人头骨模型

走进北京周口店北京人遗址博物馆的第三展厅，迎面墙上的大幅壁画一下就会抓住你的眼球，壁画上正是山顶洞人丧葬的场景。壁画旁边展出的就是山顶洞人的头骨模型以及复原像。让我们来看看山顶洞人长什么样。

他看起来和我们现代人没有什么不同，俨然是一位大伯的模样，留着长发和小胡子，颇有艺术家的风范。结合头骨来看，山顶洞人的头骨和同在这个博物馆里展出的北京人头骨的差异还是非常明显的。山顶洞人的眉脊不再像北京人的那样粗壮，嘴巴也不再那么突出，前额则明显向上隆起，而不像北京人那样低平了。

不过遗憾的是，山顶洞人的化石和北京人化石一样都在战乱期间丢失了，令人扼腕。当时专家只给部分山顶洞人化石做了模型，这些珍贵的化石模型就是山顶洞人仅剩的材料了，现保存在中国科学院古脊椎动物与古人类研究所中。目前各博物馆展出的山顶洞人化石模型都是再次翻制的。

在北京周口店北京人遗址博物馆，你还可以看到关于山顶洞人的实景式展览，展示的是山顶洞人的生活场景：男人们手持木棍和石头正在围捕一只鹿，女人们正在用骨针缝衣服、用海蚶壳等材料制作项链。她们缝衣服用的骨针、制作的项链都在一个个独立的小展箱中进行展示，看起来很是精美。

周口店遗址

化石的发现

山顶洞人遗址和北京人遗址在同一座山上,那就是位于北京市房山区周口店地区的龙骨山。1930年,负责发掘北京人遗址的裴文中等人为了划定北京人活动的范围,在清理山顶的浮土时发现了一个小洞口,并发现里面有含化石的堆积物,于是将这个小山洞命名为"山顶洞"。

1933年和1934年,裴文中主持了对山顶洞人遗址的系统发

猜你不知道

考古发掘到底该怎么挖

在进行考古发掘时,考古学家可不是随意挖的,而是经过缜密的思考、制订好严谨精细的方案后,才开始动工呢!例如,在对山顶洞人遗址的挖掘中,裴文中等专家就实施了一些比较精细的方案。他们把待挖掘的化石堆积物分成

掘，收获颇丰。其中人类化石包括完整和基本完整的头骨3件、头骨残片3件、下颌骨4件、下颌骨残片3件、牙齿数十颗、脊椎骨数件、股骨6件、肩胛骨3件、髌骨3件、跗骨6件、骶骨2件以及桡骨1件。除了人类化石，山顶洞人遗址还出土了许多石器、骨器和各式各样的精美装饰品，当然也少不了大量的动物化石。这些动物化石一共来自54种脊椎动物，其中有48种哺乳动物。在哺乳动物中，数量最多的是虎、北京斑鹿和兔子，此外还有洞熊、豹、斑鬣狗等动物。北京斑鹿和兔子是山顶洞人狩猎的主要对象。

令人意想不到的是，2005—2006年，北京周口店北京人遗址博物馆在对库存化石进行清理鉴定时，竟然意外发现了一大批珍贵的动物化石，包括2件动物

若干个"方"，每个方的面积为1平方米；每位考古工作者负责发掘4方；从每个方的一个角开始挖，先挖半米深，然后按照所得经验再接着挖剩下的部分。

对于每个方，考古学家还绘制了剖面图、平面图等，将发现的化石或其他遗存都在图中标记出来。除了绘图以外，他们每天还要对挖掘地点从不同方向进行拍照记录。山顶洞人遗址的发掘工作一共进行了141天，取得了丰硕的成果。

通过以上描述，你有没有感受到考古学家缜密的思维和严谨的态度呢？

牙齿化石、12件兔子的头骨化石、40多件兔子的下颌骨化石、70多件兔子的腿骨化石等。其中，最引人注目的是12件兔子的头骨化石。这些兔子头骨化石看起来几乎一模一样，在每件化石的中间都有一个孔，12件可以被穿在一起。据专家推测，这些兔子头骨化石很可能是当时的装饰品。从被发掘出土到被发现，在沉睡了70多年之后，这些珍贵的化石竟然还有机会与世人见面，可真算是个大惊喜了！

兔头骨化石

化石会说话

爱打扮的山顶洞人

从考古发现来看，山顶洞人有鱼有肉吃，日子过得相当不

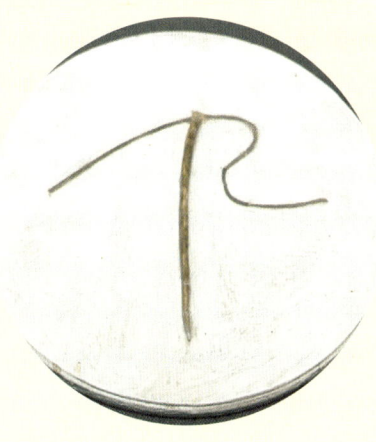

骨针模型

错。当时，填饱肚子对他们来说已经不是问题了，于是，他们便开始追求更好的生活了。

比如，他们开始学着打扮了。在山顶洞人遗址发现的一枚骨针，证明他们已经学会缝制兽皮衣服来御寒遮羞了。此外，山顶洞人还懂得装扮自己，山顶洞人遗址出土的各种装饰品就是最好的见证。在发现的140多件装饰品中，包括125件穿了孔的兽牙、7件穿了孔的石珠、3件穿了孔的海蚶壳、4件刻了沟的骨管。从中我们可以看出，山顶洞人已经熟练掌握了钻孔技术。

穿孔石珠、穿孔砾石、穿孔海蚶壳、骨管模型

另外，山顶洞人还懂得室内设计了。研究发现，山顶洞可以分为4个部分：洞口、上室、下室和下窨，每个部分都有各自特定的功能。专家推测，山顶洞人在宰杀猎物时一般在洞口区域；日常起居在上室，因为在这里发现了用火的痕迹；下室则是墓葬区，3个完整的人头骨化石就是在这里发现的；下窨应该是个食物储藏室，因为在这里发现了若干完整的动物骨架。山顶洞人多么聪明啊！他们把食物存放在位于地底深处的下窨，既安全又能起到一定的保鲜作用，这里简直就是一个天然的大冰箱！规划出如此明确的功能分区，山顶洞人是不是堪称室内设计的鼻祖？

让人惊讶的是，山顶洞人已经开始关注死亡了。孔子说"未知生，焉知死"，意思是活着的事情都还没弄明白呢，哪能搞清楚死亡的事情呢？山顶洞

赤铁矿石模型

人在生活安定的前提下，才有心思琢磨死亡。在下室中发现的人类化石上撒有一些红色的赤铁矿粉末，装饰品也多在人类化石附近发现。研究者据此推测，装饰品应该是随葬品，这是中国目前已知最早的随葬现象。红色象征着血液，撒赤铁矿粉可能是希望死者血液长流，包含着期盼死者复生、灵魂不灭等的愿望，这意味着山顶洞人已经开始对生命和死亡有所思考了，同时也可能意味着早期宗教意识的萌芽。

山顶洞人是什么人

山顶洞人在人类演化史中处于什么位置呢？研究表明，山顶洞人化石所处的时代为旧石器时代晚期，山顶洞人属于晚期智人。山顶洞人化石至少来自8个不同的个体，其中有5个成年人，包括处于壮年时期的男女个体和一位60岁左右的老人，还有1个少年、1个5岁的儿童和1个婴儿。

专家根据山顶洞人头骨化石和其他骨骼化石等推测，山顶洞人比北京人进步多了，其中一个进步的特征是寿命。山顶洞人的寿命明显比北京人延长了，并且死亡率也降低了。研究表明，14% 的山顶洞人能活到 60 岁。除了寿命，身高也是一大进步的特征。专家根据大腿骨化石的长度进行推算，山顶洞人中男性的身高在 174 厘米左右、女性在 159 厘米左右，都和我们现代人的身高相差无几。

那么，进步的山顶洞人又是从哪个种族进化而来的呢？大多数专家认为，山顶洞人和蒙古人种很相像，不过也有一些其他人种的特征，不同的个体之间存在一定的差异。有研究者认为，山顶洞人属于正在形成中的蒙古人种，许多典型特征尚未完全形成。

猜你不知道

什么是蒙古人种

人种是根据某些体质特征，如肤色、头发的形状和颜色等所划分的人群。蒙古人种又称作黄色人种、亚美人种，在世界人种中人口较多。蒙古人种主要分布在东亚、东南亚、西伯利亚和美洲等地区。

蒙古人种的主要体质特征包括：皮肤为淡黄色，眼球呈浅栗色，头发多为黑色的直发，体毛及胡须长得稀疏，面部扁平，颧骨比较突出，鼻梁不高，嘴唇的厚度中等，两眼内角具有特别的眦褶（皮肤褶皱），等等。

田园洞人，吃鱼穿鞋有情趣

回到远古

北京市房山区周口店地区的龙骨山真是个风水宝地，在大约70万年前有属于直立人阶段的北京人，在大约10万年前有属于古老型智人阶段的第四地点遗址的古人，在大约4万年前和大约1.8万年前分别出现了同属于早期现代人的田园洞人和山顶洞人。

龙骨山

早晨的第一缕阳光照进了田园洞口，新的一天开始了，大家都穿上了用草编成的鞋子。没错，田园洞人已经懂得通过穿鞋来保护自己的脚了，这样走起路来比光着脚走更舒服、更安全。男人们准备去打猎，附近有很多梅花鹿和豪猪。豪猪不好对付，他们将目光对准了梅花鹿。女人们正围坐在一起，有

说有笑地编草鞋。不远处有一条小河,河里有许多大鱼,大鱼也是田园洞人的食物。鱼肉虽然有刺,但在田园洞人看来,鱼肉味道鲜美还能填饱肚子,有刺也无妨。

化石在哪里

当你来到北京周口店北京人遗址博物馆的第三展厅参观时,你会发现展厅的左手边就是田园洞人展区,展墙上有几个醒目的大字:最早穿鞋的人。展墙前方的展柜里陈列着田园洞人的几件化石模型,有带着牙齿的下颌骨、肢骨、趾骨等。

■ 田园洞人下颌骨化石模型

仔细观察田园洞人的下颌骨化石模型,你会发现,它的形状和北京人的明显不同,北京人没有明显的下巴颏儿,而田园洞人有。你用小手摸摸自己的下巴颏儿,感受一下自己下巴颏儿的形状,再看看田园洞人的下巴颏儿,形状是不是和我们的差不多?

不过，这只是田园洞人下颌骨化石的模型，真化石则珍藏在中国科学院古脊椎动物与古人类研究所。

化石的发现

那是2001年的春天，干旱少雨。在北京市房山区周口店遗址西南约5千米处，有一个田园林场，林场的工作人员想找水源打井，就挨着山沟寻找水源。在田园林场的半山腰，他们发现了一个很黑的山洞，洞口很小，只能容一个人进出。其中一个工作人员爬进去用手电一照，发现洞顶在往下滴水。他们非常开心，可算找着水了，于是就开始挖，没想到这一挖却挖出了龙骨。随后，龙骨被

> **猜你不知道**
>
> **考古发掘也要"办证"**
>
> 生活中，我们需要办理许多证件，例如身份证、毕业证等。在古人类研究中，考古发掘也是需要办理证件的，那就是考古发掘执照。有了这个证件，工作人员才可以挖掘遗址中的化石。每一个被发现的古人类遗址，都离不开

带到了中国科学院古脊椎动物与古人类研究所进行鉴定，结果发现是鹿、猕猴等动物的化石。接着，周口店古人类学研究中心向国家文物局提出了发掘申请，在2003年5月获得了发掘执照。

2003年6月，由古脊椎动物学、地质学、古人类学和旧石器时代考古学等方面的专业人员组成的发掘队正式成立，并将发现龙骨的地点命名为"田园洞"，正式开启了田园洞遗址的考古发掘工作。

田园洞遗址出土了许多人类化石和哺乳动物化石，成为自20世纪20年代以来，周口店遗址第27个具有学术价值的地点。其出土的人类化石包括下颌骨（附多枚牙齿）、锁骨、肱骨、桡骨、脊椎骨、股骨、趾骨等，总计34件。经专家研判，这些人类化石色泽与质地接近，尺

> 考古发掘。考古发掘是指为了科学研究，经文物行政部门批准，根据发掘计划，对古文化遗址、古墓葬等进行调查、勘探和挖掘文物的工作。
>
> 《中华人民共和国文物保护法》规定：一切考古发掘工作，必须履行报批手续；从事考古发掘的单位，应当经国务院文物行政部门批准后才可以进行；地下埋藏的文物，任何单位或者个人都不得私自发掘；考古发掘的文物，任何单位或者个人都不得侵占。

寸比例吻合，没有重复的解剖部位，应该来自同一个体。

田园洞遗址发现哺乳动物化石 26 种，但没有发现石器，而是发现了大量骨片，上面留有人类加工的痕迹。

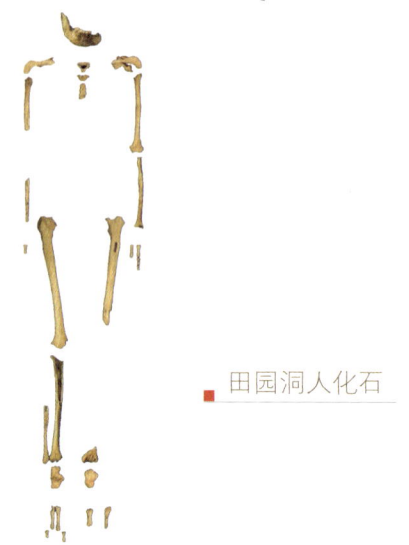
田园洞人化石

化石会说话

田园洞人和他的朋友们

根据田园洞人牙齿磨耗的情况判断，田园洞人化石的主人死亡时的年龄估计在 40～50 岁。由于没有发现骨盆化石，不太好确定性别。但考虑到下肢骨化石的关节尺寸较大，可能意味着会承受较大的身体重量，因此专家推测化石的主人是一名男性。根据化石的特征和年代分析，田园洞人化石多数特征与现代人很相似，也有一些与古老型智人接近或介于古老型智人与早期现代人之间的特征，还有一些与其他地区的古人类基因交流的特征。综合以上各种特征，专家将田园洞人归为早期现代人。

田园洞人的朋友们主要是哺乳动物。田园洞遗址的哺乳动物群与山顶洞遗址的大体一致，有63%的物种曾出现在山顶洞动物群中。在哺乳动物化石中，梅花鹿的化石最多，其次是豪猪的化石。田园洞遗址出土了我国最为丰富的豪猪化石，是目前所知的豪猪化石出现在我国北方地区的最晚记录。

最早穿鞋的人

古人类学家告诉我们，田园洞人是迄今发现的最早穿鞋的人。难道古人类学家发现了田园洞人穿过的鞋子吗？当然没有。4万年过去了，不管是草鞋还是皮鞋，都早已化为乌有了。那怎么知道他们是穿鞋的呢？古人类学家发现，田园洞人的趾骨很纤细，这很可能与穿鞋有关，因为穿鞋会减少

田园洞人趾骨化石模型

行走时中间三个脚趾的受力,常穿鞋的人一般会拥有更纤细的趾骨结构。因此古人类学家推断,这位生活在4万年前的男士已经开始用穿鞋的方式来保护脚了。这是迄今发现的世界最早的古人类穿鞋的间接证据。

爱吃鱼的人

中华民族的饮食文化源远流长,"古人类究竟吃什么"一直是研究人员关注的热点。在田园洞遗址的动物群中,梅花鹿占绝对优势。研究人员对梅花鹿的破碎骨骼化石进行分析,发现中年、青年个体占主导地位,其次为幼年和老年个体。这表明它们不是自然死亡,而很可能是死于田园洞人的狩猎行为。

但这只是间接推测,研究人员还做了更直接的研究。人骨中的化学成分,尤其是稳定性的同位素如氮、硫等,与该个体进食的食物存在着一一对应的关系。所以,通过分析人骨中的化学成分,就可以了解其食物结构。通常,氮同位素的比值越高,说明其食物中的动物蛋白比例越高,而这些蛋白是来源于陆生动物还是水生动物,就需要硫同位素来进一步确定了。

研究者对田园洞人化石和动物化石进行了氮、硫等稳定性同位素分析，结果发现，一些水生动物如鱼类等，在田园洞人的食物中占据主要地位，这说明田园洞人很爱吃鱼。

复杂又有趣的 DNA

2013年，研究人员从田园洞人的腿骨中成功提取到了田园洞人的基因组。这是中国第一例人类古基因组，也是目前为止东亚最古老的人类基因组。

通过对田园洞人基因组的研究，研究者有许多有意思的发现。首先，相比于现代欧洲人，田园洞人与现代亚洲人的遗传关系更近，是古东亚人

> **猜你不知道**
>
> **神奇的古 DNA 提取技术**
>
> 通过提取古人类化石中残存的极其微量的 DNA，科学家可以直接研究古人类的遗传信息。但古 DNA 的提取并不容易，因为古人类化石中残存的 DNA 非常少，有的甚至没有，在提取时可能又会掺杂大量微生物的 DNA 等污染物，甚至连触摸样品这样简单的举动也可能会造成污染，进而导致 DNA 提取的失败。

群的代表，但其直接的后代却没有延续至今，所以他们并不是现代东亚人的直接祖先。再者，相较于同时期的其他古欧洲人，田园洞人与处于3.5万年前的欧洲个体有着更近的遗传联系，但这并不是说田园洞人有欧洲血统，而是可能有更古老的人群间接地对他们都产生了影响。这说明，在史前时期，人群的迁移交流可能是非常复杂的。

> 不过，在提取田园洞人的DNA时，科学家开发了一种新的提取技术，类似"钓鱼"。他们用现代人的DNA做了个"鱼饵"，将田园洞人极少量的DNA从大量土壤微生物的DNA中"钓取"了出来。这简直太神奇了！

白莲洞人，螺蛳"火锅"美滋滋

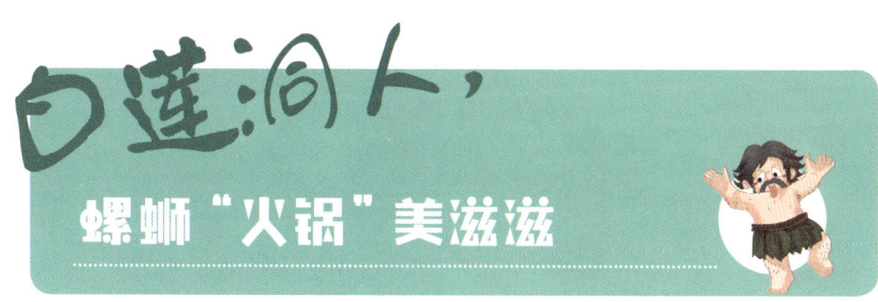

回到远古

大约 3 万多年前，在今天的广西壮族自治区柳州市东南一带，有一座山叫白面山。白面山上森林茂盛，丘陵灌木密布，山下有大片的竹林和沼泽地，一条叫柳江的河流从附近流过。对于古人类来说，他们在这里可以打猎、捕鱼、采集，从而获得充足的食物，这里显然是一个宜居的好地方。

在白面山的南坡，有一处岩厦，白莲洞人就住在这里。他们在附近有时还能猎到大象和犀牛呢，美得像过节一样。平日

白莲洞

一百万年古人类

173

里他们抓到的鹿和羊多一些,有时连小竹鼠也不会嫌弃,毕竟填饱肚子才是王道。

不过,有时候他们打猎的收获不稳定,但所幸附近的河里有很多田螺,他们很容易就能捞到,所以大家的日子过得还是不错的。

他们这个大家族男女老幼共8个人,大家围坐在一起,支起一个陶锅,烧上一锅开水,用敲砸器把田螺的尾部一敲,然后扔到锅里一煮,味道鲜美极了!

猜你不知道

什么是岩厦

岩厦是一种遗址类型,又叫岩棚、岩荫等。在岩石比较陡直的断面上,当下方的岩石较软而被风化、上方的岩石较硬而得以保留时,上方的岩石就会突出而变得像"屋檐"一样,"屋檐"下方会形成一个小洞穴,可以遮风避雨,这就是岩厦。不过,岩厦的深度一般比山洞的要小一些。

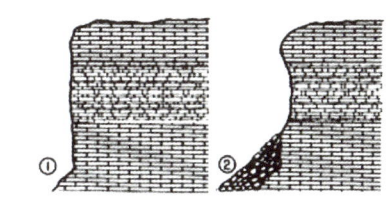
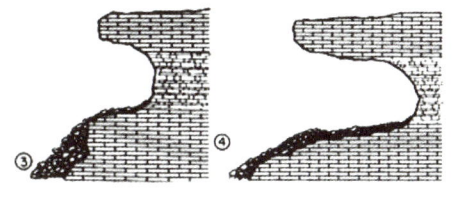

岩厦形成示意图

化石在哪里

白莲洞人居住的岩厦也叫白莲洞，白莲洞因洞口正中有一块巨大的形似莲花蓓蕾的白色钟乳石而得名。还记得我们前面介绍过的柳江人吗？白莲洞离柳江人的家园通天岩只有 3 千米远。白莲洞内有白莲洞人给我们留下的重要文化遗存，因此当地在旁边建立了一座博物馆——柳州白莲洞洞穴科学博物馆，现在是重要的科普课堂和旅游胜地。

博物馆中存放着的两件人类牙齿化石，虽然都是臼齿，也就是我们通常所说的"大牙"，但仔细看去，两者还是有许多区别的。其中一颗牙齿比较完整，只有齿根尖有被动物啃咬的痕迹。根据牙齿的形态和磨耗程度，

白莲洞人牙齿化石

研究者判断它的主人是一位青年女性，这颗牙齿是她的右侧下颌第三臼齿。另一颗的齿根大部分都没有了，只剩下了齿冠，研究者判断它属于一个中年男性个体，是左侧下颌第三臼齿。总的来看，这两颗牙齿虽然有个别特征还有些原始，但多数特征都与现代人没有明显差别。

在柳州白莲洞洞穴科学博物馆里，除了人类化石之外，还收藏展出了白莲洞内发现的其他丰富的文化遗存，例如石器、骨角器、用火遗迹等。同时，博物馆内还有许多反映白莲洞人生产生活场景的塑像。

白莲洞火炕

化石的发现

1956年，中国科学院古脊椎动物研究室工作人员在裴文中、贾兰坡的率领下，在广西进行考察时发现了白莲洞遗址，并在里面发现多件打制石器、1件骨锥和1件骨针。经贾兰坡鉴定，白莲洞遗址处于旧石器时代晚期。不久，他们又找到1件磨光石斧，裴文中据此认为该遗址应属于新石器时代。那么白莲洞遗址到底属于什么时代呢？

1973—1980年，柳州市博物馆对白莲洞遗址进行了多次清理和试掘。1981—1982年，北京自然博物馆和柳州市博物馆组成联合发掘队，在裴文中（时任北京自然博物馆馆长）的悉心指导下，对白莲洞遗址进行了清理发掘。在多次的清理发掘中，共收获了2件人牙化石、500多件石制品、若干陶片、大量动物化石等，还有2个灶坑。研究表明，白莲洞遗址的文化遗址分为三个时期，第一时期属于旧石器时代晚期，距今3万~1.8万年，出土的石器以燧石制作的小型石器为主；第二时期属于中石器时代，距今1.8万~1.2万年，出土的石器以砾石石器为主，出现了穿孔石器和磨刃石器；第三时期属于新石器时代，距今1.2万~7000年，出现了磨光石器、骨针、骨锥、陶片和穿孔装饰品等。这说明白莲洞遗址处于新、旧石器时代并存的时代。

白莲洞遗址出土的石器

猜你不知道

什么是中石器时代

石器时代是考古学的术语，是考古学家规定的一个时间段，即从人类出现之后到青铜器出现之前，始于300万～200万年前，到距今5000～2000年结束。

在介绍庙后山人的时候，我们也提到了石器时代，不过当时主要介绍了石器时代的两种分类：旧石器时代和新石器时代。其实如果将石器时代细分的话，可以分为三个时代，除了前面两个，还有中石器时代。旧石器时代和新石器时代之间的过渡阶段就是中石器时代。中石器时代在不同地区的时间跨度有所不同。白莲洞遗址的中石器时代文化遗存在全国都比较罕见，清晰展示了华南地区旧石器文化向新石器文化转化的轨迹。

化石会说话

美味的螺蛳"火锅"

你吃过柳州螺蛳粉吗?它闻起来臭臭的,但吃起来香香的,让人欲罢不能。螺蛳粉中最重要的食材之一就是螺蛳了。不过好多人可能不知道,柳州吃螺蛳的传统,那可真算得上历史悠久了。

柳州白莲洞遗址中发现了大量螺壳化石,最早出现在大约2.6万年前。随着时间的推移,螺壳化石的数量逐渐增多,而且螺壳的尾部都被人工敲掉了,这说明白莲洞人不仅打猎、捕鱼,而且还常常捞取螺蛳为食。

研究发现,白莲洞人吃螺蛳不是偶然的,而是与生态环境的变迁紧密相连。白莲洞人生活的环境原本是非常温暖的,植被类型是暖

白莲洞遗址出土的螺蛳壳化石堆积物

温带落叶阔叶林,哺乳动物群是大熊猫-剑齿象动物群,这个时候白莲洞人可以

猎到大型动物,如象、犀牛等。后来冰期来临了,气候变得干冷,植被类型变为针阔叶混交林和针叶林,动物群中喜暖的动物都向南迁徙而去,导致白莲洞人抓不到大型动物,只能捕猎小型动物,他们的食物也就不那么充足了。怎么办呢?为了补充食物来源,他们便开始捕捞螺蛳为食。

可是生的螺蛳腥臊难闻怎么办?别担心,白莲洞人有妙招。前面我们提到,白莲洞遗址还出土了陶片,研究者判断应该是炊煮器的残片,可能是某种类型的大锅。这说明白莲洞人已经像现代人一样把螺蛳放到大锅里煮着吃了。煮熟的螺蛳去掉了腥臊之气,变得鲜美适口。

万能的重石

白莲洞遗址出土了很多石器,其中穿孔石器是最具代表性

穿孔石器——重石

的器物。穿孔石器被周国兴称为石器时代的"万能工具"。为什么说它"万能"呢？因为根据各地的考古发现，穿孔石器出现在各种不同的场景中，可以实现许多不同的功能。

例如，白莲洞遗址的穿孔石器被认为是做"重石"用的，就是将穿孔石器套在尖木棒上用来增加重量，这样挖取植物根茎和刨穴播

种的时候更省力、更好用。重石的发明是对尖木棒的重要改进，二者组合到一起成为了一种新型工具，提高了采集和播种的效率。这同时也告诉我们，原始的农耕出现了。

穿孔石器作为重石来用不是凭空想象的，而是有着确凿的证据。非洲布须曼人的史前壁画上就有重石，而且现代的布须曼人依然在使用加上了重石的挖土棒作为播种工具。

穿孔石器除了用于农耕，还可以套在木棒的一端当作"狼牙棒头"进行狩猎，也可以用作钻孔器上的"飞轮"和渔网的网坠，甚至可以用作宗教礼仪的道具，堪称"只有你想不到，没有它做不到"的万能石器。

文明的曙光乍现

白莲洞遗址的年代为距今3.7万~7000年，时间跨度近3万年。这个遗址在考古界之所以蜚声国际，一个很重要的原因就是它历经从旧石器时代到中石器时代再到新石器时代的过程，中间不曾间断，这在世界上是极为罕见的。

从旧石器时代到新石器时代，发生了一些非常重要的变化。前面我们所认识的古人类，基本都处于旧石器时代，他们以采集、渔猎为生，从自然界直接获取食物，是"攫取型"的。而到了新石器时代，人类开始从事农业和畜牧业了，不再纯粹"靠天吃饭"，而变为了"生产型"，食物的来源也更加稳定。同时，人类也由逐水草而居变为定居，节省下更多的时间和精力，心有余力才得以开始关注文化的发展，文明由此出现。

　　从"攫取型"转为"生产型"，如此重要的转化到底是怎么发生的？白莲洞遗址为世人做出了解答。从旧石器时代向新石器时代的转变，不是一朝一夕完成的，而是一个连续不断的漫长过程。白莲洞遗址的堆积物层序清楚，时间连续而无间断，丰富的文化遗存显示出古人类随时间而渐进演化的过程。

　　白莲洞遗址证实了中石器时代文化在中国华南地区的客观存在，也为其他遗址和地区的考察提供了一把可供参照对比的尺子。

每物一"萌"

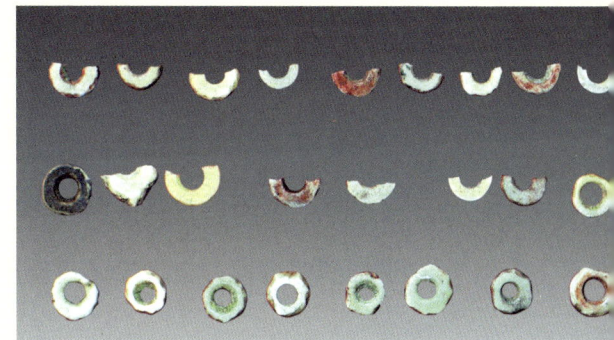

鸵鸟蛋皮装饰品

鸵鸟蛋皮装饰品

你一定见过妈妈的项链或手链吧，有珍珠穿成的，也有金银做成的，这是现代人的装饰品。但装饰品并不是现代人的发明，在很久很久以前，我们的祖先就已经懂得用装饰品来打扮自己了。在介绍山顶洞人时，我们见到了他们用兽牙、兽骨、小石珠、海蚌壳等制作而成的装饰品。下面再给大家介绍一种有趣的装饰品——用鸵鸟蛋皮做成的串珠。

考古学家在宁夏回族自治区的水洞沟遗址发现了大量鸵鸟蛋皮装饰品，形状像纽扣，中间有孔可供穿连，周边光滑，有的上面还有赤铁矿粉的痕迹，制作非常精美。这些鸵鸟蛋皮装饰品距今大约1万年。

考古学家发现这些鸵鸟蛋皮的钻孔方向主要是由内而外。这是为什么呢？如果从外向内钻孔又会如何呢？考古学家通过模拟实验和显微观察的方法，发现蛋壳的显微结构决定了它的外表面特别致密、坚硬，而且比较光滑，难以找到钻孔的着力点，钻孔时容易破碎。怪不得古人类倾向于从内向外钻孔呢。他们可能不知道这样做的道理，但是却通过反复尝试和练习找到了科学有效的方法。

那古人类又是如何想到用鸵鸟蛋皮做装饰品的呢？据考古学家猜测，最初鸵鸟蛋应该是古人类的食物，后来他们发现破碎后的蛋壳坚硬致密，慢慢地就学会通过钻孔、修型、磨光的方式把它们加工成可以佩戴的装饰品了。

第四章

新石器时代的
古人类

玉蟾岩人，稻谷陶器双第一

回到远古

在今天的湖南省永州市道县寿雁镇，有一个叫玉蟾岩的地方。大约1.2万年前，这里处于末次冰期最盛期过后的暖湿期，河湖交织，并覆盖着大片森林，温暖湿润的气候和繁茂的植物给各种动物提供了良好的栖息环境。

突然，远处一阵喧嚣，打破了树林的宁静。原来是玉蟾岩人在猎鹿，几个男人正在追逐一只强壮的成年梅花鹿。在奔跑了许久之后，梅花鹿终于体力不支。趁它速度慢下来的时候，男人们用手中的砍砸器和木棍向它发起了攻击，最终成

玉蟾岩遗址

功捕获了这个大猎物。

他们把梅花鹿抬回了玉蟾岩山洞,家里的女人们已经欢欢喜喜地燃起了篝火。她们也收获颇丰,捞取了不少田螺,还抓到了一只大水鸟。陶釜(一种炊器,类似于现代的锅)中的热水开始翻滚,稻米在水中上上下下地跳跃。没错!他们已经有米吃了,而且是他们自己种出来的呢!不一会儿,鹿肉飘香,米粥翻滚,大餐就要开始啦!孩子们兴奋不已,围着篝火又跳又叫……

希望能有个好收成。

> **猜你不知道**
>
>
>
> **冰期是什么**
>
> 冰期是地质学家提出的一个时间概念，是指地球表面覆盖有大规模冰川的地质时期，又称为冰川时期。两次冰期之间相对温暖的时期，称为间冰期。地球历史上曾发生过多次剧烈的气候变化，其中有3次著名的大冰期，即震旦纪大冰期、石炭－二叠纪大冰期、第四纪大冰期。最近的一次是第四纪大冰期。每一次大冰期，地球上的气温都会剧烈下降，大部分地表都会被冰川覆盖，地球上会变得非常寒冷。

化石在哪里

从湖南省永州市道县县城往西20千米，就是寿雁镇白石寨村。村子附近有一座山，山腰上有个山洞，远远看去很像一张大大的蛤蟆嘴，当地人称为"蛤蟆洞"，又称"麻拐岩""拐子岩"。"蛤蟆"大家都知道，是人们对蛙类的俗称。那"麻拐""拐子"是什么意思呢？和"蛤蟆"一样，这是当地人对蛙类的俗称。

而"玉蟾岩"这个名称，原本并没有。这里爆出震惊世界的考古发现之后，大家觉得既然此处如此重要，蛤蟆洞、麻拐岩这些名字也太土气了些，不如改个"高大上"的名字，于是就叫它"玉蟾岩"，这个名字是不是有些诗情画意？

玉蟾岩遗址出土了大量的石器、骨制品、动物化石、陶器、种子等。

化石的发现

1986年，道县文物管理所在文物普查过程中发现了玉蟾岩遗址，并采集到远古人类打制的各种石器、人工蚌制品及鹿类的角和牙等标本。考古专家考察后判断，玉蟾岩遗址为旧石器文化向新石器文化过渡阶段的文化遗存。

1993年，湖南省文物考古研

玉蟾岩稻谷化石

究所对玉蟾岩遗址进行了第一次挖掘。在这次挖掘中,考古工作者在洞内灰土层中意外漂洗出两粒稻壳,还发现了原始陶片,这马上引起了考古界的热切关注。1995年,湖南省文物考古研究所又进行了第二次挖掘,并聘请了农学专家、环境考古专家等参加,实行多学科合作,这次又发现了两粒稻壳和若干陶片。中国农业大学的一位教授在考古日记中记录了这次发现:他对着一个土块轻轻一敲,奇迹出现了,土块中嵌着的竟然是一粒稻谷化石,稻壳因钙化而呈灰黄色。他忍不住激动得大叫了起来。经专家鉴定,玉蟾岩遗址出土的稻谷已经具有人工栽培水稻的性质。这是世界上最早的人工栽培水稻。陶片也是世界上最早的陶片。

2001年3月,玉蟾岩遗址被中国社会科学院列入中国20世纪100项重大考古发现。

猜你不知道

野生稻和栽培稻

你知道吗?我们现在吃的大米都是来自人工栽培的水稻。栽培稻是由野生稻驯专家将玉蟾岩遗址出土的稻谷命名为"玉蟾岩古栽培稻"。"玉蟾岩古栽培稻"的发现震惊了世界，中美两国专家组成了"中国水稻起源考古研究"中美联合考古队，于2004年和2005年两次对玉蟾岩遗址进行了挖掘清理，又发现7粒稻谷化石。

化而来的，那考古学家是怎样判断所发现的古代稻谷是野生稻还是栽培稻呢？其实野生稻和栽培稻具有不同的特征，例如它们的稻粒大小和形状不同、长和宽的比例有差异等。野生稻比较瘦长，而栽培稻偏短偏胖、颗粒更加饱满。栽培稻是人类将野生稻一代又一代驯化的结果，是农业的伟大成就。

当发现古代稻谷时，考古学家就会将它和野生稻、栽培稻进行对比，来判断它更接近哪种。

化石会说话

世上最早的栽培稻

"玉蟾岩古栽培稻"是目前世界上发现的最早的人工栽培水稻，不仅向前推进了中国农业文明的历史，更刷新了人类最早栽培水稻的历史纪录。

在"玉蟾岩古栽培稻"发现之前，人们一直将浙江余姚河姆渡遗址作为稻谷的起源地。河姆渡遗址出土了距今约7000年的炭化稻谷，原本被认为是世界上最早的人工栽培水稻。而"玉蟾岩古栽培稻"的发现，改变了人们原有的认识，证明了湖南是世界水稻的起源地之一。

经专家鉴定，"玉蟾岩古栽培稻"在特征上综合了野生稻与当今几种稻谷类型——例如籼稻、粳稻——的特点，体现了从普通野生稻向栽培稻初期演化的特点，成为水稻演化历史的重要证物，具有非凡的意义。

世上最早的陶器

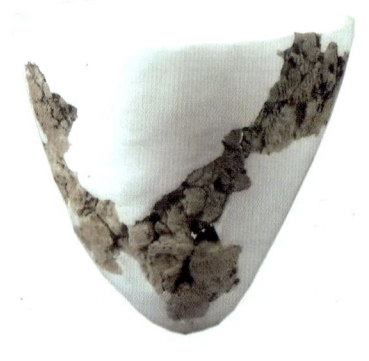

玉蟾岩原始陶片复原图

玉蟾岩遗址在1993年和1995年发掘出土了一些陶片，可以复原成两件或更多的陶器，这是中国乃至世界最早的陶器记录。

通过陶片可以得知，玉蟾岩遗址的陶器质地还比较粗糙，主要成分是高岭土，烧成温度在400℃～500℃之间，属于低温烧成的，器壁较厚且厚薄不均，最厚处达2厘米。陶片复原出了一件釜形器，口宽底小，专家推测它可能是古人类用来煮东西吃的器皿。

虽然玉蟾岩遗址出土的陶片显得原始粗糙，但这丝毫不能掩盖它的重要意义及带给世人的震撼。它告诉我们，早在1万多年前，人类就已经学会将泥土捏成特定的形状，并通过火烧使它变得结实耐用。掌握了这种高级的技艺，意味着人类已经有了相当缜密复杂的思维，终于超越了只能直接利用自然界的石头的旧石器时代，而迈向新石器时代了。

生存压力大不大

玉蟾岩遗址出土了丰富的动物化石，其中哺乳动物有28种，数量最多的是鹿类，有水鹿、梅花鹿、赤鹿等，其他有野猪、牛、竹鼠、豪猪、青鼬、狗獾、花面狸、大灵猫等。鸟禽类动物有27种，包括鹭、雁、天鹅、鸳鸯、鸭、鹤等。其他动物还有鱼类、龟鳖类、蚌类和昆虫等。

研究人员在研究鹿类化石时发现，当时玉蟾岩人主要狩猎成年鹿，也就是处于繁殖高峰期和身体最强壮阶段的鹿，这个年龄段的鹿肉质量较高。这表明玉蟾岩人可以有条件地选择他们认为最好的猎物进行捕猎，而不是来者不拒。由此可以推断，当时的食物资源应该很丰富，获取食物不难，否则玉蟾岩人应该不会挑挑拣拣。

但是，另一个证据却与此矛盾。研究发现，鹿类动物的骨骼都非常破碎。研究人员经过仔细分析认为，这不是食肉类动物造成的，而应当是玉蟾岩人敲打所导致的结果，他们可能是为了取出美味的骨髓来食用。这种行为可能意味着食物并不充足，所以他们才要物尽其用，一点儿都不舍得浪费。不过这还只是猜测。玉蟾岩人是否存在敲骨取髓的行为？他们的生存压力到底大不大？这都有待进一步的验证。

东胡林人，
栽培粟黍小能手

回到远古

大约1万年前，在今天的北京市门头沟区斋堂镇的东胡林村西边，有一条永定河的支流——清水河。在其北岸居住着一群人，他们就是东胡林人。这是继北京市房山区周口店地区的北京人、山顶洞人、田园洞人之后，北京地区发现的又一种古人。

在一处空地上，一个戴着螺壳项链的女人正在熟练地用石磨盘和石磨棒给粟脱粒，并把脱了壳的粟装到身旁的陶罐中。旁边的小女孩看得手痒痒，也要试试，结果试了一会儿发现，不是脱不掉壳就是把小米粒碾碎了，哪像妈妈做起来那么简单。

东胡林人生活复原场景

她有些懊恼，妈妈笑了笑，摸摸她的头告诉她，别着急，多练练就会啦！

不远处的火塘旁边炊烟袅袅，笑语盈盈。有人支起了两口大陶锅，一口用来煮小米粥，另一口则用来煮肉。这个时候，去打猎的男人们也该回来了，如果运气好，大家还能吃上美味的鹿肉呢！

我也会干。

化石在哪里

东胡林村是北京市门头沟区一个历史悠久的古村落，1万年前的东胡林人就住在这里。如今，东胡林人留给我们的就是东胡林人遗址。遗址就在村西清水河北岸的阶地上，是一个不大的院落，栅栏门旁边的灰色砖墙上写着"文物保护单位——

东胡林人遗址

东胡林人遗址",可惜目前并未对外开放。

专家经过测定得知,东胡林人遗址文化堆积的年代大致在距今1.1万～9000年,属于新石器时代早期的文化遗存。目前,我国已发现的属于这个时期的古代遗址为数不多。除了东胡林人遗址外,华北地区已经发现并经过发掘的还有河北省的南庄头遗址、北京市的转年遗址等。但遗址中既有打制石器、细石器、磨制石器、谷物加工工具、陶器等文化遗存,又有火塘、墓葬等遗存的,只有东胡林人遗址一处,由此可知其重要价值。

猜你不知道

什么是河流阶地

河谷的发育会受到地壳上升、气候变化、侵蚀面下降等各种因素的影响,这会导致河流下切侵蚀,原先的河谷底部(河漫滩或河床)上升,呈阶梯状分布在河谷谷坡,这样的地形就叫作河流阶地。

河流阶地的形成往往需要很长的时间,而且常出现多级阶地,由河漫滩向上,依次可以命名为一级阶地、二级阶地、三级阶地……位置越高的阶地形成的时间越早。

化石的发现

东胡林人遗址的发现和发掘过程，前后跨越了40余年。

早在1966年，北京大学地质地理系的一名学生在东胡林村实习时，偶然发现了古代人骨，敏锐的观察力让他发现了和骨骸混在一起的多个小螺壳。当意识到这些被穿了孔的小螺壳可能是古人的项链时，他猛地一拍自己的脑门儿，兴奋得叫出声来。

后经中国科学院古脊椎动物与古人类研究所清理，工作人员在此地共发现大致来自3个个体的残存人骨化石，其中两具为男性个体，另一具保存得最完好的为16岁左右的少女。专家根据发现地将其命名为"东胡林人"。除了人类化石，东胡林人遗址还出土了螺壳项链、骨镯、石片等古代文化遗存，研究者初步认定这是一处新石器时代早期的墓葬遗址。这是首次在北京地区发现新石器时代早期的文化遗存。

东胡林人遗址人骨化石

2001—2005 年，北京大学考古文博学院和北京市文物研究所联合对该遗址进行了多次考古发掘，发现了房址、灰坑、火塘、墓葬等遗迹，出土了陶器、石器、骨器、蚌器、植物种子以及大量动物遗骸等遗物。迄今为止，东胡林人遗址已经发现至少 6 个个体的人骨遗存。

其中，2003 年、2005 年在两座墓葬中分别发现了完整人骨。研究者根据骨骼形态、牙齿磨耗情况、骨缝愈合情况等判断，这两具完整人骨的主人分别是 40～50 岁和 12～15 岁的女性。

化石会说话

牙齿的秘密

之前我们讲过，古人类的牙齿能够告诉我们很多信息，例如可以根据牙齿的磨耗情况推断古人类的年龄，根据牙齿的形态特征推断古人类的演化阶段等。东胡林人的牙齿则向我们透露了更多的秘密。

东胡林人的牙齿不太健康，有的牙齿有龋洞，有的牙齿患了牙周炎等。其中，龋齿的发病率较高。研究者推测，这可能和摄入富含碳水化合物的食物及食物的精细化加工有关。东胡林人遗址还出土了较多的石磨盘、石磨棒等，这证明了东胡林人能够更精细地加工食物。不易搬动的石磨盘以及陶器的广泛使用，意味着东胡林人可能开始过上了定居的生活。

另外，研究者还发现东胡林人的牙齿磨耗程度要明显重于同年龄的近现代人群，这说明他们用牙比较"狠"，也就是说，他们的食物及其加工整体上还是较为粗糙的。他们牙齿磨耗的样式也不相同，磨耗面有的较平坦，有的略显起伏不平，磨耗面倾斜角度大小不一，这意味着他们的食物构成和食物加工的方式是多样的。

> **猜你不知道**
>
> **牙齿的磨耗样式**
>
> 牙齿的磨耗样式主要体现在臼齿磨耗面的形态和倾斜角度上。通常认为，以狩猎采集为生的古人类因为经常吃比较"费牙"的食物，其臼齿磨耗面会比较平坦。开始从事农耕之后，人们的臼齿磨耗面常常表现为起伏不平的状态。磨耗面的倾斜角度与食物的类型及加工方式有关，在同等磨耗程度下，从事农耕人群的磨耗面倾斜角度通常大于狩猎采集人群的磨耗面倾斜角度。

东胡林人遗址出土的炭化粟粒

栽培粟黍小能手

研究者对东胡林人遗址的植物遗存做了系统的浮选工作，发现了炭化木屑、种子、果核和果实四类植物遗存。其中以植物种子为主，共计1663粒。

在浮选的植物种子中，研究者鉴定出了粟和黍两种栽培谷物。其中，炭化粟粒14粒，炭化黍粒1粒。这是目前在正式的考古发掘中，采用科学浮选方法发现的年代最早的粟和黍两种谷物的实物证据。

考古发现证实，现今世界上的主要栽培作物都起始于距今1万年前后，例如起源于我国长江中下游地区的水稻，起源于西亚地区的小麦和大麦，起源于中美洲地区的玉

猜你不知道

什么是浮选法

就绝大多数考古遗址而言，只有炭化的植物遗骸才有可能长期保存在古代的文化堆积中，这是因为它的化学性质相对稳定，不易腐烂。但同时，它的物理性质又十分脆弱，尺寸也很小（大多数植物种子的

米等。东胡林人遗址的年代恰好在距今约1万年，所以粟和黍的发现意义重大，给研究这两种作物的驯化时间、地点和过程提供了至关重要的证据。

爱美的"北京大妞儿"

墓葬对考古学有非常重要的作用，保存完好的墓葬能够告诉我们很多关于古人类的信息，例如埋葬习俗、体质特征等。东胡林人遗址就发现了两座保存完好的墓葬，为研究者提供了非常珍贵的考古材料。

这两座墓葬的埋葬方式有很大的差异，其中一座墓葬的埋葬方式为单人仰身直肢葬，就是死者呈仰身朝上、四肢伸直平放的姿态；另一座墓葬则为单人仰身屈肢葬，即死者的

尺寸都是以毫米计算的），使用常规的发掘工具很难将其从土壤中完整地剔取出来。因此，考古学家设计了浮选法，专门用于剔取埋藏在考古遗址中的炭化植物遗骸。

浮选法的原理很简单，炭化植物遗骸在干燥的情况下比一般的土壤颗粒轻，将浮选土样放入水中便可使炭化植物遗骸脱离土壤而浮出水面，这样就可以很容易地把它们剔取出来了。

下肢呈弯曲的姿态。

　　两座墓葬中除了发现的人类尸骨之外,还有柱状玉石制品、磨光小石斧、由多枚穿孔螺壳组成的项链等。专家推测,这些可能是随葬品。项链的每一个螺壳的顶部均有磨制而成的小孔,而且带孔的磨面均向下一个螺壳的接触面倾斜,这样穿起来时能使得两个螺壳间的缝隙很小,看上去错落有致、极富美感。这显示出东胡林人的审美水平已相当高了。看来,1万多年前的"北京大妞儿"很爱美啊!

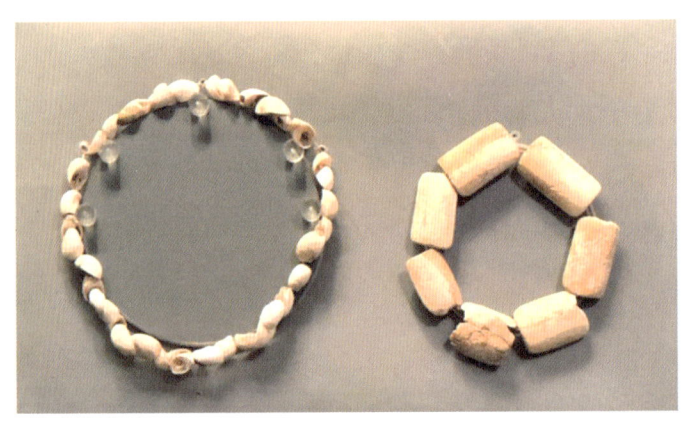

螺壳项链和骨镯

磁山人,不可思议大粮仓

回到远古

当古人类慢慢学会栽培谷物后,逐水草而居的日子就成为历史了,大家开始安顿下来,过起了定居的生活。大约8000年前,在今天的河北省邯郸市武安市磁山镇磁山村,就有这样一个聚落。这里群山起伏,河流环绕,既有适合种植谷物的湿润土地,又有鱼儿和野兽可供渔猎,是个上天恩赐的好地方。磁山人就选择定居在了这里。

今年又是丰收的一年。磁山人收获的黍粒堆成了小山,猪圈里养了不少大肥猪,鸡舍里也传出咕咕咕、咯咯哒的叫声,

磁山人生活场景复原模型

几只小狗在房屋周围欢快地跑来跑去,很是热闹。

每个人脸上都挂着笑容,整个村落都洋溢着丰收的喜悦。这么多粮食,今年肯定吃不完,怎样才能把多余的粮食储藏起来呢?磁山人为此挖了很多地窖,把粮食储藏在里面能存放很长时间。他们真是太聪明了!

化石在哪里

在磁山遗址旁边有一座博物馆，叫中国磁山文化遗址博物馆。

走进博物馆的主厅，迎面就是一座夺人眼球的雕塑。雕塑的形象是一对母子，母亲右手拿着一捆小米穗子，左手领着一个孩子。在他们的身后是一面浮雕墙，展现着磁山人忙碌的生活，狩猎采集、种植谷物、食物加工、纺织、制陶……呈现出一派热火朝天、其乐融融的场景。

中国磁山文化遗址博物馆雕塑及浮雕墙

博物馆内展示了磁山遗址出土的陶器、石器、骨蚌器等文化遗存，还生动再现了磁山遗址的发现过程和发掘现场，将考古学家们发现的房基、灰坑都呈现在了我们面前，并采用塑像的方式立体复原了磁山人的各种生活场景。置身其中，你会恍惚觉得自己回到了约8000年前，走进了磁山人的生活。

不仅如此，博物馆内还专门设置了体验区，你可以体验考古学家是如何进行遗址挖掘的，还可以亲自动手尝试像磁山人一样搭建半地穴式房屋，用石磨盘和石磨棒为谷物脱壳，体会一碗饭的来之不易。

磁山遗址出土的石器

210

> **猜你不知道**
>
> **遗址博物馆**
>
> 中国磁山文化遗址博物馆是依托磁山文化遗址而建的,这种博物馆称为遗址博物馆。
>
> 国际博物馆协会将遗址博物馆定义为"为了就地保存可移动和不可移动的自然或文化遗产而建的博物馆",即博物馆建在该遗产被创造或发现的原地。遗址博物馆分为4种类型:生态遗址博物馆、民族遗址博物馆、历史遗址博物馆和考古遗址博物馆。中国磁山文化遗址博物馆属于考古遗址博物馆。

化石的发现

1972年冬天,磁山村村民在开挖水渠时,意外地发现了一些怪模怪样的东西,有石磨盘、石磨棒,还有陶盂、陶支脚等。当时在场的村民敏锐地意识到这些可能是文物,于是集中收存并逐级上报。1973年,河北省文物管理处和邯郸市文物保管所派人来调查,此后便对这里进行了发掘。从此,这处在地下沉睡了约8000年之久的文化遗存得以重见天日。

猜你不知道

什么是灰坑

灰坑是考古发掘中常见的遗迹，因坑中填满灰色土壤，故称灰坑。灰坑是古人朝废弃的窖穴、水井或建筑取土后的凹坑倾倒垃圾而形成的，垃圾中的各种有机物腐烂后会使土壤变为灰色。灰坑中的土一般比普通的土松软，包含物也更为丰富。根据灰坑的形状、特征和遗物等，可以判定灰坑的性质和时代。灰坑是研究古人经济生活的重要资料。

在考古学界，有个约定俗成的观点，认为所有凹陷的坑状遗迹都可以被称为灰坑。

经多次发掘，磁山遗址发现了房基、灰坑以及成批的粮食窖穴，出土陶器、石器、骨蚌器等化石5000余件；发现了大量的动物化石，如家鸡、家犬、家猪、鹿类、兔、猕猴、花面狸、金钱豹、鱼类、蚌类等；还发现了一些植物标本，有黍、粟、榛子、小叶朴、胡桃等。但遗憾的是，磁山遗址中并没有发现磁山人的遗骨和墓葬的痕迹。

磁山遗址的年代距今约8000年，突破了新石器时代仰韶文化考古的年代（距今约7000年），具有典型的代表意义，因此在考古学上单独定名。因为最早是在磁山发现的，所以定名为"磁山文化"。磁山文化是华北新石器时代早期的重要文化。

化石会说话

奇形怪状的陶器

磁山遗址中出土了一种典型陶器,在中国磁山文化遗址博物馆门前的广场上就有它的身影。那是一座巨大的雕塑,看起来是一个大圆桶放置在由三条腿组成的支架上,这就是磁山遗址最具代表性的陶器——陶盂和陶支脚。这两种器物在磁山遗址中出土数量最多,占陶器总数的70%以上。

你能猜到这种陶器是干什么用的吗?它其实是一种炊具,是用来做饭的。它的功能相当于现在的可移动的锅、灶。有些炊具需要挖灶坑才能用,而这种炊具不需要,它机动灵活、拆

陶盂和陶支脚模型

装方便，人们可以随心所欲地挪动它。所以，这是一个很厉害的发明，让古人类摆脱了做饭场地的限制。

不可思议的大粮仓

说到磁山遗址，不得不说这里的众多粮食窖穴。在这里，考古学家共发掘出468个灰坑，其中有88个长方形的灰坑底部都堆积着粮食遗存。

考古学家经过推算得出，当年这些窖穴中的粮食竟然多达50吨！在当时简陋的生产条件下，能够囤如此之多的粮食实在是一件不可思议的事。这说明当时的农业发达程度可能远远超过我们的想象。这么多粮食窖穴究竟是用来做什么的呢？是纯粹的余粮囤积还是种子库？抑或是祭祀"粮神"的祭祀坑？种种说法不一而足，目前也没有定论。

磁山遗址粮食窖穴

至于粮食遗存具体是哪种粮食，一开始考古学家是想送到北京进行鉴定的，但是标本取出后一会儿就风化成了白灰，无法完好地送达北京。后来，考古学家通过分析粮食遗存中的植硅体，鉴定出了粮食的种类，主要是粟和黍，其中黍的数量较多，并且出现的年代较早。这意味着磁山人先后驯化了黍和粟，发展了以这两种作物为主的旱作农业，使得磁山遗址成为东亚古代人类文明的重要发源地之一。

世界之最被改写

在磁山遗址被发现之前，世界农业史普遍认为粟是从埃及、印度传播到我国的，印度是最早饲养家鸡的国家，核桃是汉代张骞出使西域时传

> **猜你不知道**
>
> ### 植物也会长"结石"
>
> 植硅体，全称为"植物硅酸体"，是植物身体里的"结石"。在植物的生长过程中，吸收到植物体内的硅元素会沉淀在细胞内或者细胞之间，就形成了植硅体。当植物死亡、腐烂以后，植硅体就像小石头一样埋藏在土壤中。由于不同的植物具有不同的细胞形态，所以其产生的植硅体形态也不相同。科学家可以把这些保存在土壤里的植硅体提取出来，根据植硅体的形态来鉴定它们来自哪种植物。

入中国的。

而磁山遗址的发现改写了这些论断。事实证明，我国也是粟的最早种植地之一。磁山遗址出土的家鸡化石证明，我国是世界上最早驯养家鸡的国家，比之前认为的印度时间早了3300多年。出土的胡桃（相当于今天的核桃）标本证实，早在7000多年前磁山人就已经开始种植胡桃了，比张骞出使西域的年代早了5000多年。

科学不断发展，技术不断进步，"普遍认为"的不一定就是正确的，今天正确的明天不一定正确。因此，我们不要轻信盲从，不要因循守旧，要勇敢地去探索发现。理性质疑，拥抱变化，才能跟上世界不断前进的步伐。

磁山遗址出土的炭化胡桃

仰韶人，会建房子会酿酒

回到远古

大约7000~5000年前，今天的河南省三门峡市渑池县仰韶镇仰韶村，依山傍水。这个村子北面靠着韶山，山上林木葱茏，野果挂满枝头，动物遍地奔跑，其他三面则环水，河水潺潺，鱼虾成群游弋。这个地方简直太棒了！

不仅如此，韶山脚下还有一片片的田地，地里种着大片的粟和黍，一些人正拿着石铲、石斧等工具在田间劳作。仰韶人已经不满足于"靠天吃饭"了，不再一味地从大自然中攫取食物，而是开始进行农业生产了。种植农作物能够让他们获得更稳定的食物来源，可以在这里安居乐业。

不远处，另一些人则在制作陶器。他们制作出了陶碗、陶罐和小口尖底的陶瓶等各种形状的器物。其中有几个人正在聚精会神地往泥质红陶上绘制黑色的线条图案。一个个精致且绘有各种图案的陶器就这样从他们手中诞生了。

化石在哪里

在中国国家博物馆的"古代中国"展厅，有好几件属于仰韶文化的国宝级文物，它们是人面鱼纹彩陶盆、小口尖底陶瓶、鹰形陶鼎、鹳鱼

石斧图彩绘陶缸等。光看它们的名字，你是不是就被这几件宝贝吸引住了？如果有机会，你可以到中国国家博物馆一睹它们的真容。这么精美的陶器背后，究竟蕴藏着怎样繁盛的文化和精彩的故事呢？

2021年是仰韶文化发现100周年，也是中国现代考古学诞生100周年。这是巧合吗？这不是

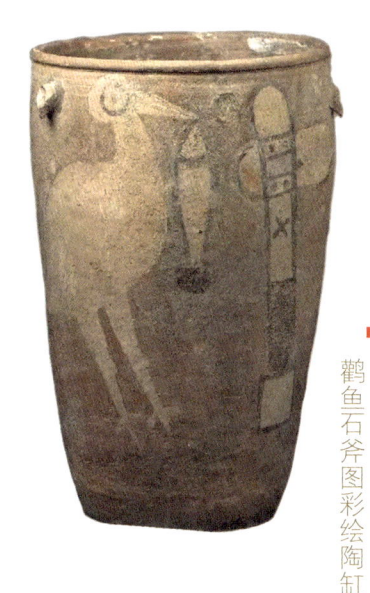

鹳鱼石斧图彩绘陶缸

人面鱼纹彩陶盆

鹰形陶鼎

巧合。正是仰韶村遗址的发掘，使得中国有了真正意义上的现代考古学，所以两个"100周年"才会重合。

仰韶村遗址是在1921年被发现的，至今已经有100多年，现在，已被发掘的仰韶文化遗址超过5000处，分布在以黄河中游为中心的9个省区，绵延时间长达2000年。

仰韶文化遗址出土的部分陶器

化石的发现

1920年，瑞典地质学家安特生派助手刘长山到河南调查古生物化石和岩石标本。刘长山先是在仰韶村采集、收购了一些石器和少量的零碎陶片。安特生看后很兴奋，凭经验判断，那里很可能有一个尚未被发现的石器时代的文化遗存，于是决定亲自到仰韶村看一看。

在这次考察中，安特生采集了许多石器，少量骨器、蚌器，甚至还发现了彩绘的陶器碎片。这让他断定，仰韶村一定是中国远古时期重要的文化遗址。经过半年的努力，1921年10月，经中国政府批准，在安特生的主持下，专业人员开始对仰韶村遗址进行发掘，中国学者袁复礼和陈德广、奥地利古生物学家师坦斯基、加拿大人类学家步达生等都参与了这次发掘。

这次发掘的收获太多了，他们在17个遗址点发现了大量精美的陶器、石器、骨器，这里也被专家们命名为"仰韶文化"。这次发掘同时揭开了中国田野考古的序幕，不但证实了中国史前时期存在着非常发达的新石器文化，也标志着中国现代考古学的诞生。

猜你不知道

一定要做田野考古吗

田野考古，顾名思义就是考古人员要亲自到野外进行调查、发掘，再回到办公室整理和编写发掘报告。田野考古是考古学的基础，没有田野考古，考古学就成了无源之水、无本之木。

化石会说话

仰韶人吃什么

生活在7000~5000年前的仰韶人吃什么呢？

考古工作人员在仰韶村发现了大量石器、骨器，石器中有石斧、石铲、石刀、石矛、石球、石镞等，骨器有骨镞、骨针、骨锥等。这些工具看上去大多是用来狩猎和捕鱼的，再结合那些兽骨、鱼骨，专家推断，仰韶人和旧石器时代的祖先一样进行狩猎和捕鱼，渔猎仍然是他们重要的食物来源方式哟！

除了渔猎工具，这里也有许多用于开垦、耕种、收割和粮食加工的工具，例如石斧、石铲等，看来，当时的农业已经发展到较高的水平了！那么，仰韶人种的是什么粮食呢？专家研究了土壤中的孢粉、炭屑、植硅体等，发现仰韶人不仅吃上了小米，也吃上了大米，仰韶村这个"宝地"正处在"北粟南稻"的交错地带。

除了粮食，仰韶村遗址还出土了不少猪、狗、羊、鸡等动物的骨骼化石，专家判断它们应该是仰韶人曾经驯养的家畜、家禽。看来，仰韶人的肉食也和粮食一样有了稳定的来源。他们不再担心猎物少而导致有上顿没下顿的情况了。

除了吃饱肚子，仰韶人还喝上了美酒。因为考古发掘还发现了很多储粮的窖穴和酒器，这说明仰韶人的粮食不仅够吃，而且还有富余，可以用来酿酒了。仰韶人的小日子过得真是滋润呢！

仰韶人住哪里

仰韶人喜欢群居，他们通常选择在地势较高但坡度平缓、距离河流比较近的地方居住。

在仰韶文化中有一处很有名的遗址叫半坡遗址，这里的房屋有的是半地穴式房屋，一半在地下，一半在地上。为什么要这样建房子呢？开始的时候，人们建造房屋的技术还比较简单、原始，只能搭建矮墙，为了增加墙体的高度，人们就把房屋建成了半地穴式。到了仰韶文化晚期，人们的建筑水平提高了，出现了地面式建筑。

仰韶人具体是怎么建房子的呢？他们会先挖基槽、栽埋木柱，然后用泥抹墙和修整地坪。他们用的泥不是普通的泥，而是草拌泥。草拌泥经火烧烤后会变得像砖一样，坚固耐用。最后在烧好的墙壁上，他们会架上房梁，在房顶上

半坡遗址复原模型

铺上干草，一座房子就建好了。这样的房子不仅冬暖夏凉，而且还能抵御野兽的袭击。

仰韶人建造了各种各样的房子，有圆的、方的、大的、小的，有单间的，也有多间的，有的还有推拉门呢！怎么样，仰韶人建房子很有一套吧？

2020年，人们在对仰韶村遗址的第四次发掘中发现了疑似水泥混凝土的建筑材料。它们的颜色和质地与仰韶文化常见的草拌泥红烧土完全不同，红烧土是红色的，而这次发现的建筑材料是灰黑色的，且质地坚硬。

这是首次在仰韶村发现，也是目前中国考古发现的最早的疑似水泥混凝土的建筑材料，刷新了人们对仰韶文化时期房屋建筑技术的认识。

仰韶人用什么器皿

仰韶人已经会烧制彩陶了。他们烧制的彩陶纹饰很漂亮，具有鲜明的特点，所以仰韶文化也被称为"彩陶文化"。在各式各样的彩陶器皿中，有一种特别引人注意，那就是小口尖底陶瓶，在仰韶文化的各处遗址中均有大量出土。

小口尖底陶瓶，顾名思义，小口，尖底，它的中间大、两头小，大多数瓶身上都带有一对环形的耳朵，少数无耳。小口尖底陶瓶到底是做什么用的呢？有人说它是汲水器，是用来取水的。怎么使用呢？先将绳子穿过瓶子的双耳，然后将瓶子放入水中，它在水中会自动下沉，注满水后，由于重心转移，瓶口会朝上竖起并保持平衡，此时可用绳子将瓶子吊出水面，从而实现取满水而滴水不漏。也有人说它可能与原始的宗教和礼仪有关，是当时神职人员使用的祭器。

■ 小口尖底陶瓶

河姆渡人，稻作手工样样行

回到远古

距今约7000年时，在今天位于长江流域的河姆渡镇一带，湖泽遍布，树木繁茂，河姆渡人就居住在这里。

他们住的是干栏式房屋。白天，大家各司其职，井然有序地工作着。有人在插秧种稻，有人在磨制骨器，有人在和泥制陶，有人在纺纱织布，有人在雕刻工艺品，还有人在伐木盖新房……房屋附近有猪圈，不远的水塘里有水牛，小狗则欢快地跑来跑去。

河姆渡遗址

一百万年古人类

　　看，河姆渡人其实在农业、手工业以及家畜饲养方面都拥有了高超的本领呢，除了上面提到的，他们还会造船。河姆渡一带临河傍海，河姆渡人就制造船只用来探索更广阔的水上世界。一些人正在河边造船，有的船已经造好了，看起来轻巧坚固。到时他们会选一个晴朗的好日子，乘坐它们驶向大海，捕鱼捕虾……

化石在哪里

在中国农业博物馆的"中华农业文明"陈列馆中,你不仅能看到河姆渡遗址的复原场景,还会在展柜中看到几十颗黑色的小颗粒,这就是河姆渡遗址出土的炭化稻。

而中国国家博物馆则珍藏着河姆渡人种植稻谷所使用的典型工具——骨耜(sì),河姆渡人用骨耜翻土、挖沟、除草等。骨耜是用牛的肩胛骨做成的,窄的那头被锉削得较为平整,骨板中部被竖着凿开了一道凹槽,凹槽下端左右各开一个孔,用来固定木柄。

博物馆里的这些展品都是在河姆渡遗址出土的,那河姆渡遗址具体在哪儿呢?它最早是在今天的浙江省宁波市余姚市河姆渡镇河姆渡村被发现并发掘的,其文化也因此被称作"河姆渡文化",它的占地面积非常广,达4万多平方米,距今大约7000~5000年。

■ 炭化稻

■ 骨耜

化石的发现

1973年,河姆渡村的村民在扩建排涝站,竟意外地发现了一些石器、骨器、木器,甚至还有粗糙的黑陶片、动物骨骼的化石等不寻常的物件,这一下子引起了考古部门的注意。浙江省博物馆等相关部门迅速组织试掘队对这里进行了抢救性发掘。

河姆渡遗址的抢救性发掘成果令人兴奋,出土了一批黑陶器、骨器、石器、木器、兽牙饰品,还有大量的动物化石。这有可能是一处全新的新石器时代遗址!同年深秋,考古工作者在这里进行了第一次正式发掘。

在这次发掘中,人们发现了大量的稻谷遗存、大片干

> **猜你不知道**
>
> **什么是抢救性发掘**
>
> 抢救性发掘是相对于主动性发掘而言的。如果在房地产施工、道路建设等施工过程中,工作人员无意中发现了有历史价值的文物,那么,相关部门为了尽可能抢救和保护文物,就会进行临时性紧急挖掘,对遗址进行清理,这就是被动发掘,也就是抢救性挖掘。

栏式建筑遗迹，还有大量的石器、骨器、木器、黑陶器、丰富的动植物遗存等。

1977年，考古工作者对这里进行第二次发掘，又发现了更多的遗物、遗迹，包括新石器时代河姆渡文化"双鸟朝阳"牙雕、新石器时代河姆渡文化猪纹陶钵，这些都极为珍贵，现在收藏在浙江省博物馆中。

> 而主动性发掘则是相关部门经过有计划地勘探、研讨后，主动进行发掘的行为。
>
> 现在，我国一般是不允许进行主动性发掘的，一方面是为了保护文物，另一方面是要为子孙后代保存资源。

河姆渡文化"双鸟朝阳"牙雕

河姆渡文化猪纹陶钵

化石会说话

舌尖上的河姆渡

河姆渡人生活的地方温暖湿润，雨量充沛，生态环境非常优越，所以呀，他们有丰富的生存资源，食物也特别丰富。

河姆渡遗址一共出土了61种动物化石，有山林里的虎、熊、象、犀、鹿等兽类，有湿地中的雁、鸭、鹤等鸟类，有淡水中的鱼蚌，也有海洋中的鲸、鲨、蟹等。植物遗存也非常丰富。由此可见，河姆渡人的食谱搭配得很合理，天上飞的、地上跑的、水里游的、树上结的、地里种的，应有尽有。

令人不解的是，河姆渡遗址出土的石器少，骨器多，这是为什么呢？原来，这和河姆渡人善于狩猎有关。他们大量狩猎，不但获得了美味的肉食，还获得了丰富的骨角料，因此可以制作各种精美的骨器。

各式各样的农具

考古工作者在遗址发掘中，还发现黑褐色的泥土中夹杂着一些小颗粒，这些小颗粒似乎闪着金灿灿的光芒，但暴露在空气中后很快就变成了泥土的颜色。这究竟是什么呢？经过仔细辨认，大家几乎不敢相信自己的眼睛，这竟然是炭化了的稻谷。这里的稻谷、稻壳、稻秆、稻叶混杂在一起，形成了20～50厘米厚的堆积层。经测定，这些稻谷已经在地下沉睡7000多年了。

在此之前，世界上最古老的稻谷是在印度发现的，距今约4300年，所以有这样的说法：中国的稻谷是从印度传过来的。而河姆渡遗址稻谷遗存的发现，证实中国长江流域在7000多年前就已经大量种植稻谷了。

河姆渡人会制作各式各样的农具，除了我们前面提到过的骨耜，他们还有用于除草的木铲、用于收割作物的由动物肋骨做成的镰刀、用于加工谷物的石磨盘等。这些农具说明，河姆渡人已经超越了"刀耕火种"的落后耕作方式，跨入了"耜耕"农业阶段。

> **猜你不知道**
>
> **刀耕火种**
>
> 我国古代农业的耕作方式，以生产工具的发展为标志，主要划分为三个阶段。"刀耕火种"是最原始的阶段，人们将地上的草木砍倒，放火烧成肥料，然后在烧后的土地上播种。第二阶段是"耜耕"，人们开始使用骨耜、石耜等农具。第三阶段叫作"铁犁牛耕"，人们使用的农具更先进了，还使用了家畜，耕作效率大大提高啦！

石犁

不会潮湿的房屋

河姆渡人生活的地方靠近大海、河流和沼泽，低洼潮湿。他们若是和仰韶人一样建半地穴式房屋，屋内就有被水淹的危险。河姆渡人凭借聪明的大脑和灵巧的双手解决了这个问题，他们设计建造出了迄今为止已知最早的干栏式房屋。

干栏式房屋模型

干栏式房屋的样子很有趣，底层是架空的，人们实际居住在悬在半空的屋子内，这样就避免了潮湿的问题。考古学家认为，那时的人们有可能先是模仿鸟巢在树上"搭窝"住，后来才改到地上，但仍然借鉴了"搭窝"的形式——把房子支到了半空。

那时没有钉子、没有螺丝，河姆渡人怎样建造这么精巧的木房子呢？研究发现，他们竟然已经懂得使用榫卯技术了！这种技术能让两个木构件牢牢地结合在一起。一个木构件上有凸出的部分，叫榫；另一个木构件上有凹进去的部分，叫卯。这次发现，把榫卯技术的出现向前推进了3000多年呢。

能工巧匠

河姆渡人不仅吃得美，住得好，还留下了很多精巧的手工作品。根据出土的纺轮、骨针、苇席、陶器等文物，我们可以知道，他们会纺纱、会缝纫、会编织，还会制作精美的陶器等工艺品。

河姆渡遗址还出土了很多不同材质的蝶形器标本，有石、木、骨等材质。蝶形器的外形像展开翅膀的蝴蝶。前面我们说过的那件"双鸟朝阳"牙雕就是一件很特别的蝶形器。它的中间刻着太阳，太阳两侧各刻着一只凤鸟，这可能表示河姆渡人崇拜太阳、凤鸟。

精美的艺术品寄托了河姆渡人的精神追求，也表达了他们追求幸福生活的美好愿望。

红山人，雕琢玉石有一手

回到远古

5000多年前，红山人过着稳定的农业经济生活，他们不但用上了大型翻土农具石耜，用上了石刀、磨盘、磨棒等收割和加工

工具，生产效率大大提高，还饲养猪、牛、羊等家畜，不再为吃喝犯愁。

这时候，有一部分富有制陶经验的成员不再从事耕作，而是专门设计、烧制陶器。他们在专门的陶窑工作，生产出大批陶器。那些陶器种类繁多，陶瓶、陶壶、陶罐、陶盆、陶瓮、陶碗应有尽有，且形态各异，各具风格。

为了让陶器更漂亮，他们还给陶器画上花纹、涂上颜色，这就是红山文化的彩陶。看起来不起眼的泥土，经过匠人们的精心烧制，竟能变成精美的彩陶制品，实在令人叹为观止！

红山文化彩陶器皿

化石在哪里

在中国国家博物馆的"古代中国"展厅，有一件国宝级文物——玉龙。这件玉龙由墨绿色的岫岩玉雕琢而成，整体是龙的造型，龙的身体卷曲，看上去就像一个英文字母"C"，所以它也被叫作"C 形龙"。它是目前中国发现的时代最早、体形最大、制作最精美的龙形玉器，被誉为"中华第一龙"。这件玉龙出土于哪里呢？它出土于内蒙古自治区赤峰市翁牛特旗赛沁塔拉遗址，是红山文化的典型器物。

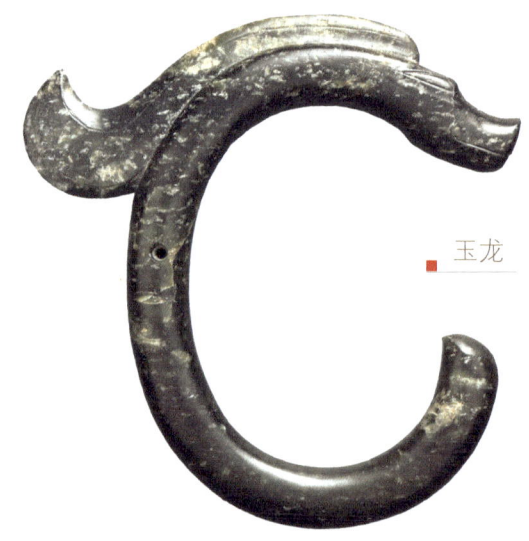

玉龙

红山文化最早是在内蒙古自治区赤峰市郊的红山后遗址被发现的，后来，考古工作者在附近又发现了很多相似的遗址，这些地方被统称为红山文化遗址,分布面积达20万平方千米,距今约6500~5000年。

红山文化遗址不仅出土了细石器、彩陶,还有许多精美的玉器、庄严神圣的大型祭坛、神秘宏伟的女神庙宇、等级森严的古代墓葬等,是中华文明的源头之一。

化石的发现

红山文化是1908年被发现的,到现在已经有100多年了。

从1908年到1921年,日本学者鸟居龙藏在赤峰的红山后发现了新石器时代的遗址;法国学者桑志华等在赤峰的红山前发现了新石器时代的多处

猜你不知道

细石器和间接打击法

细石器这个名称听上去是不是有点儿陌生呢?这是古人用间接打击法制成的一种小型石器。

有间接打击法,那就肯定有直接打击法。直接打击法是用石头直接打击石头制作物品。而间接打击法则"先进"了不少,人们会在打击物与被打击物之间放一个用来传递力的物体,例如石块、石棒、木棒或骨棒等。用石锤敲击这个中间物体,中间物体再把力传递给被打击物,便可打制出小型石器了。

遗址；瑞典学者安特生等在辽宁省锦西县（今葫芦岛市）沙锅屯的一处洞穴进行考古发掘，发现了彩陶和玉器遗存，开启了红山文化遗址的首次发掘。1930年，我国著名考古学家梁思永（梁启超的儿子）在红山发现了古陶片。1935年，日本学者滨田耕作率领的考古队在赤峰市发掘了红山后遗址，他把红山文化遗存命名为"赤峰第一次文化"，也叫"彩陶文化"。

1954年，中国学者尹达将这一文化命名为"红山文化"。从此，"红山文化"这个名称开始被考古界采用。现在，上千处红山文化遗址已被发现。

彩陶筒形器

化石会说话

玉龙的传奇故事

龙是中国古代人心目中的神,是中华民族的图腾。那么中国人是从什么时候开始崇拜龙的呢?红山文化遗址出土的玉龙给了我们答案。

1971年8月的一天,一个名叫张凤祥的村民在干农活时,突然挖出了一个黑乎乎像钩子一样的东西。他以为是一块废铁,就随手给了最小的弟弟当玩具。弟弟用一根绳子拖着这件东西满地跑着玩。日子一长,"废铁"上面的土锈逐渐脱落,显出了晶莹的墨绿色光泽。张凤祥的父亲大喜过望,认为它可能是一块玉。随后,他就将这件玉器交到了翁牛特旗文化馆。文化馆的工作人员按照惯例为它办理了入库登记手续。可惜,专家们对它进行了多次研究,并没有研究出什么结果。

到了1984年,位于辽宁省朝阳市境内的牛河梁遗址出土了红山文化时期的玉猪龙。翁牛特旗文化馆的负责人听到这个消息后,突然意识到十多年前的那件玉器可能和玉猪龙一样珍贵。于是,他将玉器带到了北京。考古学泰斗苏秉琦鉴定后认为,这不就是5000年前红山人精心制作的玉龙吗?它肯定是红山文化重要的遗物。这也是玉龙在中国首次被发现,它被称为"中华第一龙"。就这样,精美的玉龙终于面世了。此后,玉龙名扬华夏,成为举世瞩目的无价之宝。

玉猪龙

玉龙体形硕大，看上去并不适合佩戴。玉龙的背上还有一个小孔，应该是用来悬挂的，悬挂起来后玉龙的首尾正好处于同一水平线上。专家推测，它很有可能是远古时期与宗教相关的礼器。

古人认为中国人是龙的传人。玉龙的发现，让我们找到了龙的源头，赤峰市也因此被誉为"中华玉龙之乡"。

红山人喜爱玉石

红山人喜欢玉，他们生产了大量精美的玉器，有玉珏、玉环、玉斧、玉铲、玉龙、玉猪龙、玉鸮、玉龟等，还有玉人和其他各种造型的玉器。

人类使用石器的历史至少有300万年。人们在和石头打交道的过程中，慢慢发现石头中有一些很特殊，它们颜色美丽，质地莹润，这就是玉石。慢慢地，人们不再把玉当作普通的石头使用，而是对这些漂亮的石头进行雕琢修饰，还赋予了它们丰富的内涵，例如用它们象征君子的美好品德、高贵的地位等。

红山女神

1983年，考古工作者在辽宁省朝阳市牛河梁附近的一条冲水沟里，发现了一块土红色的东西，这竟然是一只用泥土塑成的人耳朵！大家继续搜寻，陆续发现了更多泥塑的残块，包括人鼻、手臂等。他们分析，这冲水沟里的泥塑人体残块可能是从高处被水流冲刷下来的。于是，他们瞄准了高处的山坡，并选定了山坡上的一个平台开始正式发掘。

发掘过程出乎意料地顺利，很快一个建筑遗址就呈现在了大家的眼前。考古工作者的洛阳铲先是碰到了一个硬质陶块，随着周围的泥土被轻轻地剥离，一尊几乎完美的女性头像赫然出现在

辽宁省博物馆的部分红山文化玉器（从左到右、从上到下依次是三联玉璧、玉鱼、玉环、玉龟、玉鸮等）

众人面前。可惜历经岁月沧桑，这尊头像的面孔已经破裂，鼻子也不见了。考古工作者把之前捡到的鼻子往上一放，竟神奇地对上了！

这就是大名鼎鼎的红山女神头像。女神头像的大小与真人的头部差不多，它的额骨突起，鼻梁较低而短，上唇较长而薄。研究人员认为，红山女神头像是以古代真人为原型而塑造的。通过女神头像，我们看到了5000年前古人的容貌！

出土女神头像的地方就是令世界震惊的牛河梁女神庙遗址。女神庙的墙面上有线条简单的几何图案，这是国内最早的壁画。女神庙附近有大型的祭坛和大规模的积石冢（用石块堆积起来的墓葬）群。专家推断，这里是重要的祭祀场所。

如今，女神头像被收藏在辽宁省博物馆。如果有机会，你可以去看一看。

红山女神头像

每物一"萌"

陶 猪

萌萌的陶猪

河姆渡人擅长制作陶器。下面就给大家介绍一件河姆渡人制作的陶器——陶猪，它看起来萌萌的，目前收藏在中国国家博物馆。

仔细观察这只小陶猪，你会发现它胖胖的，肚子都垂了下来；四条腿呈交替状，看起来似乎正在奔走；肥肥的猪头上，长长的嘴巴伸向前方，好像随时随地都要拱一拱，看看有没有好吃的。整件作品生动传神，成功塑造了一只憨态可掬的小猪形象。

那这只小猪是野猪还是家猪呢？从它的体形可以看出，虽然它有些像野猪，但它的头部却没有野猪的那么长。考古学家猜测这应该是人工饲养驯化的结果。那么是否有证据来支持这一猜想呢？

让我们抽丝剥茧分析一下。河姆渡遗址出土了大量破碎的猪骨和

一百万年古人类

243

猪的牙齿化石，有些陶器上还绘有猪纹，这说明当时猪的数量很多，可能已经成为人们食物的一个重要来源。要饲养这么多猪，就要求人们有剩余的粮食，那河姆渡人有这个条件吗？答案是肯定的。因为河姆渡遗址出土了由稻谷、稻壳、稻秆、稻叶混杂形成的20厘米至50厘米的稻作遗存，以及种类齐全的农具，包括用于翻土除草的骨耜和木铲，用于收割作物的由动物肋骨做成的镰刀，还有用于加工谷物的石磨盘等。这些证据告诉我们，河姆渡人有能力生产充足的粮食，除了能让自己吃饱，还有余量饲养猪等家畜。所以这只小陶猪应该是家猪。

大家好，我是带大家游博物馆的博乐乐。这次我要带大家走进古人类博物馆。在这些博物馆里，我们将跟随历史悠久的展品和活灵活现的复原场景，穿越时光，造访几十万甚至上百万年前的人类祖先，看看他们是怎样生活的。一起出发吧！

1. 国家自然博物馆

地址：北京市东城区天桥南大街126号

开馆时间：周二至周日9:00—17:00（16:30停止入馆），周一例行闭馆（不含国家法定节假日）。

门票：持有效证件免费参观。可采取线上预约的方

一百万年古人类

245

式参观,参观前需要至少提前1天进行预约。票务系统在每天上午11:00进行更新,游客可预约三天内的门票。

网址:https://www.nnhm.org.cn

国家自然博物馆位于北京赫赫有名的天桥地区,紧挨着世界文化遗产天坛公园。乘坐地铁8号线在"天桥"站下车,从B口出来,马路东边就是国家自然博物馆啦。

国家自然博物馆的前身是成立于1951年4月的中央自然博物馆筹备处,1962年正式定名为北京自然博物馆,2023年更名为国家自然博物馆。国家自然博物馆是新中国依靠自己的力量筹建的第一座大型自然历史博物馆,涉及古生物、动物、植物和人类学等领域的标本收藏、科学研究和科学普及工作。

今天,我要带着大家重点参观《人

之由来》展览，一睹人类演化的壮阔历史。《人之由来》展览是由在国家自然博物馆从事多年古人类学研究的老专家周国兴教授指导完成的，于 2015 年 10 月 22 日开展，是国家自然博物馆四大基本陈列之一。近年来，古人类学的最新发现和研究成果也加入了进来，还有许多新的标本在展览中亮相呢！

走进展厅入口，迎面就是一个幽暗的"山洞"，让我以为自己回到远古了。"山洞"的洞口上方就是"人之由来"四个大字，里面用投影展示了古人类的生活场景。我看到他们正在岩壁上画画，而我右侧的墙壁上真的有许多岩画，这复原的是法国拉斯科洞穴岩画和西班牙阿尔塔米拉洞穴岩画。

一百万年古人类

"山洞"的左右两侧是两个子展厅，右侧展厅上方写着"认识你自己"，左侧则写着"现代人之由来"。我们是谁？我们从哪里来？这两个问题不但是社会学家和哲学家探索的问题，也是古生物学家、古人类学家一直在探索的问题。

走进"认识你自己"子展厅，沿着展览的顺序往前走，首先是"作为个体的人之由来"展区。在这里，我了解了爸爸妈妈是怎样生下我的。之后是"人对自身来源的探索"展区，在有科学认识之前，人们曾经以为人类是上帝创造的、女娲用土捏的，或是由"天蛋"孵出来的！再往前走，依次是"人是动物""人是特殊的动物"和"作为特殊动物的人之由来"几个展区，结合精美的现生动物标本和人类体质形态特征的分析，逐步说明了人类在自然界中的位置。

走进"现代人之由来"子展厅，通过展览我了解到，从最原始的人演化为现代人，大致需要经历地猿群、南猿群、能人群、直立人群和化石

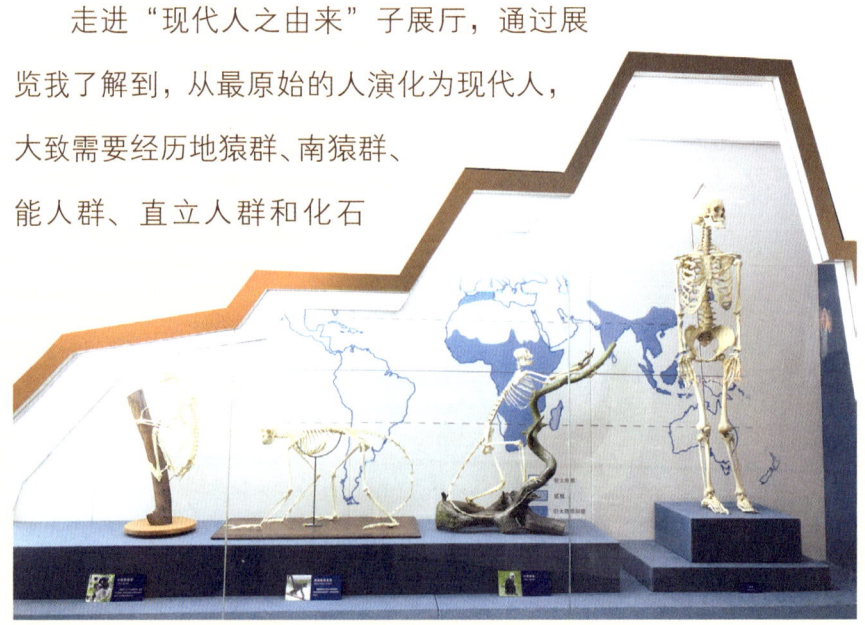

248

智人群五个阶段。这里有许多珍贵的标本和模型，包括生活在距今700万年的乍得撒海尔人的头骨模型、距今320万年的"露西"、距今160万年的"纳里奥托姆男孩"和距今6万年的尼安德特人骨架。

通过了解人类的起源和演化，我知道大自然是如何创造人类的，认识到人类只是自然界的一员，只有尊重自然规律，不妄加破坏，人类才能发展得越来越好。

在博物馆里，时间过得飞快，一转眼就要闭馆啦，今天的参观就到这里吧，下次再见！

2. 中国古动物馆

地址：北京市西城区西直门外大街142号

开馆时间：周二至周日 9:00—16:30（16:00停止入馆），周一闭馆（不含国家法定节假日）。

门票：成人20元/人；全日制大学本科及以下学历学生（含职高、技校、中专等在校学生），60周岁（含）以上老年人可凭有效证件享受半价优惠（需购买优惠票10元／人）；未成年人（未满18周岁的中国公民，6岁及以上未成年人需要提前预约）、现役军人、消防救援人员和消防救援院校学员、残疾人凭有效证件免门票。游客来馆参观前可在"中国古动物馆"微信公众号上预约购票，凭有效证件入馆。

网址：https://www.paleozoo.cn

中国古动物馆非常好找，就在北京天文馆的西边，北京动物园的对面。乘坐地铁4号线在"动物园"站下车，从D口出来，向西步行400米，就到中国古动物馆啦！

中国古动物馆隶属于中国科学院古脊椎动物与古人类研究所，于1994年创建，是中国第一家以古生物化石为载体，系统普及古生物学、古生态学、古人类学及进化论知识的国家级自然科学类专题博物馆。

中国古动物馆分为古脊椎动物馆和人类演化馆

等多个场馆，今天我们重点参观人类演化馆。人类演化馆原名"树华古人类馆"，于1999年建成开馆。2020年底至2021年初，人类演化馆进行了改造，以全新的面貌向公众开放，重点展示最近20余年的新发现。让我们一起去领略人类演化馆的风采吧！

一进门就可以看到一幅大大的人类演化图谱，从700万年前的乍得撒海尔人一直到现代人，目前所发现的重要古人类按照时间的顺序排列在上面，让你一眼纵览人类的演化史。旁边是幽深的"时光隧道"，左侧墙上是从猿到人的身形变化，你可以和他们比比身高；抬头往上看，是色彩变幻的绚丽星空，充满了神秘感。

往里走，我看到了古人类的"真面貌"——北京人、蓝田人和尼安德特人的高仿真复原像，他们的长相、身高以及使用过的工具都是根据古人类学家的最新研究成果进行科学还原的。我还看到了通过幻影成像技术展现的古人类的生活场景，如梦似幻，栩栩如生！

中国发现的古人类化石有多少呢？我们可以在"神州古人"展区找到答案。从1929年北京周口店发现北京人第一个头骨化石起到现在，中国境内已经有70多个地方发现了史前人类化石。中国已经成为世界上古人类资源最为丰富的地区之一了。

在"荒野求生"展区，有一整面石器墙，展示了古人类制作的312件石器，是按用途和种类摆放的。大家参观的时候可以认真观察，看看科学家是怎样给这些石器分类的。这一块块石头乍一看不起眼，但实际上大有学问，上面隐藏了古人类的很多奥秘。

"遗传密码"展区设置了互动触摸屏，让我们试一试吧。我把触摸屏向右滑动，它就自动识别到相应区域的内容开始讲解，真不错！这里讲的是人类演化研究的新技术——古DNA技术，这项技术能够帮助人类破译古人类身体里的遗传密码，探究不同人群之间的关系。这让我们离揭开人类演化之谜又近了一步。

徜徉在科学的海洋，时间总是过得很快，就要闭馆啦，下次再见吧！

3. 北京周口店北京人遗址博物馆

地址：北京市房山区周口店大街1号

开馆时间：周二至周日9:00—16:30（每年10月11日—次年3月31日为淡季，16:00闭馆），周一闭馆（不含国家法定节假日）。

门票：成年人30元／人；18周岁（含）以上全日制本科生（不含继续教育学生）、持证现役军人15元／人；18周岁以下未成年人（含港澳台居民及获得永久居留权的外国人)、离休人员、60周岁以上持证老年人、消防救援人员等免费参观。

网址:https://www.zkd.cn

说到古人类,很多人首先就会想到鼎鼎大名的北京人,今天我们就去北京周口店北京人遗址博物馆看一看。

周口店遗址位于北京城西南约50公里处的房山区周口店龙骨山,北京周口店北京人遗址博物馆就建在龙骨山脚下,在遗址的南侧。这里离市区比较远,开车去比较方便,走京港澳高速,在阎村出口下高速,再走京周公路就可以直达北京周口店北京人遗址博物馆了。

北京周口店北京人遗址博物馆的前身是1953年建成的"中国猿人陈列室",是中华人民共和国成立后最早建立的博物馆之一。我们现在所看到的是2014年5月18日正式向公众开放的新馆，建筑面积为8093平方米，介绍了周口店遗址的发现和发掘过程、重要出土物及研究和保护状况等各方面内容。

站在博物馆门前，我发现这栋建筑的外形很特别，它不是方方正正的大楼，后来听讲解才知道，原来博物馆的外形设计灵感是源于周口店遗址的重要文化元素——石器的外观。

走进博物馆，就进入了序厅，迎面能看到三座雕塑，前面是背着猎物狩猎归来的北京人，生活在约70万～20万年以前；后面是两个山顶洞人，一个在使用骨针缝制衣服，另一个在使用工具狩猎，他们生活在约1.8万年前。

从700万年前的乍得撒海尔人开始，古人类的演化经历了漫长的过程，古人类学家根据古人类化石的特征划分出古人类不同的发展阶段。雕像塑造的北京人属于直立人阶段，山顶洞人则属于早期现代人阶段。除此之外，周口店遗址还发现了一枚属于古老型智人阶段的牙齿。所以，周口店遗址就集齐了直立人、古老型智人和早期现代人这三个古人类发展阶段，构成了一个连续的古人类演化序列，这在古人类遗址中是绝无仅有的。因此，周口店遗址在世界考古界享有非常重要的地位。

接下来走进第一展厅。入口处是周口店遗址发掘地点的沙盘模型，迄今为止在周口店遗址共发现了27处具有学术价值的化石地点。展厅里以照片和实物相结合的方式介绍了周口店遗址的发掘历史。我们可以看到一代代科学家的辛苦付出和光辉成绩，尤其是发现第一个北京人头盖骨的裴文中，真是了不起！

展台上集中展示了北京人的化石材料，旁边的展墙上有一组展示人类进化过程的雕塑，依次是"南方古猿""能人""直立人""古老型智人"和"早期现代人"。大家可以仔细观察一下，看看他们在体质特征上有什么区别。展墙上还有伴生动物的化石，帮助我们想象当时的北京人与野生动物共存的艰辛生活场景。

顺着斜坡向下进入第二展厅。迎面的墙壁上展示了周口店第1地点"猿人洞"的剖面模型，让我们对地层剖面有了一个直观的认识。旁边是"猿人洞"洞穴模型，四周用投影和雕塑的形式展示了北京人的生活场景，包括采集、狩猎、用火等。

再旁边是一面壮观的石器墙，展出了400余件石器，这是从周口店遗址发现的10万余件石器中挑选出来的。在石器墙下方中间的位置有两块稍大的石器，它们就是这座博物馆建筑外观设计的灵感来源。

第三展厅讲述了山顶洞人和田园洞人的故事。有表现山顶洞人埋葬亲人场景的壁画，还有他们制作的骨针和装饰品。田园洞人的趾骨化石说明他们是最早穿鞋的人。科学家还提取到了田园洞人的基因组，基因研究告诉我们田园洞人并不是现代东亚人的直接祖先。

最后我们来到第四展厅。这里展出了周口店一些其他发掘地点的重要发现，并讲述了北京人化石在战乱中丢失的揪心故事。真希望能早日找回这些宝贵的化石啊！

今天的参观到此就结束啦，我们下次见！

4. 柳州白莲洞洞穴科学博物馆

地址：广西壮族自治区柳州市鱼峰区柳石路472号

开馆时间：周二至周日9:00—16:30（16:00停止入馆），周一例行闭馆（逢国家法定节假日顺延），除夕闭馆一天。

门票：持有效证件免费参观，需要提前在公众号上预约参观时间。

公众号：白莲洞洞穴科学博物馆

我们参观的前三家博物馆都在北京,这次我们要离开北京去往广西壮族自治区柳州市的白莲洞洞穴科学博物馆(简称白莲洞博物馆)。这里还是个网红打卡地呢,我们快去看看吧!

这座博物馆是以白莲洞遗址为基础建立的,位于柳州市市郊东南12公里的白面山南麓,1985年建成开放。2019年9月29日,白莲洞博物馆新馆建成开放。这是广西第一座采用清水砼(tóng)新工艺建造的场馆,保留了混凝土的灰色外观,不再进行额外贴砖装饰。看起来的确素雅大气!

馆内有两层,一楼和二楼由一个壮观的旋转楼梯连接起来,这就是火遍全柳州的网红楼梯!一楼是"地球·往事——古生物演化陈列",二楼是"洞穴·家园——柳州史前文化陈列",系统展示了生命起源、人类演化和柳州史前文明的传承、演绎过程。我们此行的重点是参观古人类,上二楼看看去。

上到二楼,我们先来到"洞天福地"展区,这里展出的是柳州的重要考古发现,包括柳城巨猿、柳江人、白莲洞人等。健硕的巨猿复原像被孩子们亲昵地称为"金刚"。再往里走,就可以看到展墙上简洁明晰的白莲洞遗址剖面示意图。左边墙上是贾兰坡的题词:白莲清香泥不染,洞里堆积内涵多!右边墙上展示的是考古人员进行发掘工作的场景。旁边展柜里展出的是白莲洞遗址出土的珍贵文化遗存。

走出"洞天福地"展区,就来到了"洪荒岁月"展区。这里似乎是白莲洞人的家园,一组组栩栩如生的雕塑,展示了柳州先民生活的场景——有人在捕鱼,有人在狩猎,有人在打制石器,还有人带着小孩在采集树上红艳

艳的野果……好像数万年前的一个历史瞬间被定格在此，让我们这些现代人有幸一见。

白莲洞遗址出土的大量螺蛳壳化石告诉我们，早在两三万年前，白莲洞人就吃上了螺蛳。原来，如今风靡全国的柳州螺蛳粉源头就在此啊！一想到鲜香美味的螺蛳粉，我的口水都要流出来啦，等参观结束后我要去吃一碗！

5. 中国磁山文化遗址博物馆

地址：河北省邯郸市武安市磁山镇磁山二街村东

开馆时间：周二至周日 9:00—17:00，周一闭馆。

门票：持有效证件免费参观。通过微信小程序"乐享冀"预约参观。

公众号：磁山文化博物馆

博乐乐要带大家去的最后一站是中国磁山文化遗址博物馆。磁山文化是我国北方黄河流域新石器早期文化遗存，是世界黍粟的发源地和农耕文明起源地之一，是中华民族文化和东方文明的发祥地之一。

中国磁山文化遗址博物馆就建在磁山文化遗址旁边，是研究展示磁山文化的专题博物馆，始建于1994年。新馆于2011年建成并对外开放，由博物馆主体建筑、磁山文化研学馆和磁山文化公园组成。

来到中国磁山文化遗址博物馆，我们首先会到磁山文化公园。在博物馆南侧的广场上，有一座大雕塑，看起来像是一套锅灶，这就是磁山文化遗址最具代表性的直壁筒形陶盂和鸟头形陶支脚，是磁山文化遗址出土数量最多的两种典型器物，占陶器

总数的 70% 以上。这是磁山人的炊具，大约相当于现在的活动型锅灶，不需要灶坑就能直接使用，机动灵活，拆装方便，可以随心所欲地挪动。这是一个很厉害的发明，让古人类摆脱了做饭场地的限制。

走进博物馆，中厅是一面巨大的浮雕墙，展示了磁山人的生活场景：狩猎采集、种植谷物、食物加工、纺织制陶……浮雕墙前方是一对母子，母亲右手拿着一捆小米穗子，左手领着孩子，脸上洋溢着丰收的喜悦。我发现中厅的四根大立柱很特别，仔细一看，原来它们都被做成了鸟头形陶支脚的形状。

展厅一层和二层是"回望远古——中国新石器时代的磁山文化"基本陈列，展示了磁山文化的发现过程以及考古挖掘现场。我好像穿越时光，亲眼看到考古挖掘的场景，真的太激动了！

这里还复原了磁山人的生活场景，他们住着半地穴式房屋，养鸡养猪、种植黍粟、制作陶器……展柜中展出了磁山人用来加工粮食的石磨盘、石磨棒，还有陶盂和陶支脚等。通过复原的生活场景和这些珍贵的展品，我们能够更真切地体会到磁山人当年的生活。

展厅的三层是"粟流从源——磁山·粟文化科普展览"，这里讲述了中国史前粟的主要遗址分布、粟的研究成果、粟的文化源流和发展、粟的耕作种植规律、与粟有关的人和事以及粟所承载的精神。看完这个展览，我对粟有了更深刻的认识。

参观完博物馆，我带大家再去研学馆看一看。这里可好玩了，我们可以亲身体验粟米脱粒、陶器制作、房屋建造、模拟考古等活动。通过实践，我们可以加深对磁山人的认识，感受农耕文明的魅力，体悟磁山文化的深邃。

博物馆之行到这里就结束啦，大家辛苦啦，相信大家一定都收获满满！

后记

  2015年是我在中国地质博物馆工作的最后一年，我荣幸地参与了"博物馆里的中国"系列图书中《倾听地球秘密》一书的编写工作。转眼九年过去了，我再次收到新蕾出版社编辑的邀约，创作了这样一本新的图书，我感到非常开心！九年间，"博物馆里的中国"系列图书荣获了中国出版政府奖、中华优秀出版物奖等多个国家级奖项，得到了海内外大小读者的喜爱和推荐。

  九年间，我也从中国地质博物馆来到了国家自然博物馆工作。我与国家自然博物馆有着很深的缘分，小时候几乎每个周末都要来这里转转，我当时最喜欢的展厅是"生命的足迹"古生物展厅和"人之由来"古人类展厅。长大后的我如愿来到这里工作，缘分就是这么奇妙！

在学习和工作期间，我非常荣幸，得到了著名古人类学家、原北京自然博物馆总工程师和副馆长周国兴研究员的悉心教导。在他的影响和鼓励下，古人类学成为我的重点研究方向。

在九年的古人类科普研究工作中，我查阅了许多图书及文献资料，我发现，市面上通俗易懂的古人类科普书籍并不多，专门介绍中国古人类的书籍就更是凤毛麟角了。但自1929年发现北京人头盖骨至今，中国古人类学蓬勃发展。在中国大地上发现的古人类化石种类丰富，时间跨度大，研究意义非凡！这时候怎么能缺少写给青少年的中国古人类科普图书呢？于是这本书应运而生。

在书中，我想向青少年尽可能全面地介绍有时代或地域代表性的中国古人类化石及其研究发现的新成果，宣传普及古人类学知识，培养青少年的求知探索欲，增强青少年的文化自信。

图书以演化时间为主线，分为旧石器时代的直立人、旧石器时代的古老型智人（早期智人）、旧石器时代的早期现代人（晚期智人）和新石器时代的古人类四个部分。希望图书能让小读者们有时间感，在人类演化的大维度下去了解、感知每一种古人类。同时，图书设置了简明有趣的标题，以想象的复原场景引入，创设画面感，让每种古人类的生活都跃然纸上。

在书中，我在介绍每一种古人类时都设置了"回到远古""化石在哪里""化石的发现""化石会说话"四个板块，分别讲述了古人类的复原生活场景、化石的保存单位及展出信息、化石发现的历史过程及一些重要研究成果。

当然，科学知识的普及也很重要，我在书中还专门开辟了"猜你不知道"板块，为青少年深入浅出地介绍考古学、古人类学研究中的延伸知识。

我建议青少年在阅读完本书后，有机会的话，可以走进书中提到的有关古人类的博物馆，去看看远古的遗存，努力做到知行合一，用心聆听来自中国古人类的诉说……

图书能顺利出版，要特别感谢中国科学院古脊椎动物与古人类研究所吴秀杰研究员的悉心指导和题序，感谢中国科学院古脊椎动物与古人类研究所刘武研究员、高星研究员、邢松研究员、张双权副研究员、邢路达博士平日里为我答疑解惑，感谢国家自然博物馆周国兴研究员、高立红研究馆员、李潇丽研究员、魏屹副研究员平时对我工作中所遇问题的耐心解答，感谢北京大学考古文博学院王幼平教授平日的指导和撰写推荐语，感谢北京周口店北京人遗址博物馆刘凯老师在本书前期策划时给出很多建设性意见、提供图片资料、撰写推荐语，感谢辽宁古生物博物馆刘森主任为本书提供庙后山人和金牛山人的珍贵资料和撰写推荐语，感谢我的好友科普作家河森堡老师在古人类科普道路上一直的陪伴、鼓励和撰写推荐语，感谢首都师范大学陈宥成副教授平时对我的帮助和指导，感谢北京市丰台区顶秀欣园社区科普中心贺苏晨副主任给予本书创作的大力支持，感谢山西省图书馆郭晓云老师帮忙查找有关丁村人的大量珍贵资料，感谢本溪博物馆讲解员邢婷婷老师提供庙后山人的珍贵图片资料。

最后还要感谢天津出版传媒集团新蕾出版社的编辑及插画师的辛勤付出！

仅以本书的出版纪念国家自然博物馆第二任馆长裴文中院士诞辰120周年，纪念北京人头盖骨发现95周年。

高　源

2024年2月